いま人間は、どんな**運転**をしているのか？

イッキ乗り

下野康史《かばたやすし》

クルマしか運転できないあなたへ

目次

新幹線の運転

新幹線の〝運転〟について知るのは、なかなかホネである。関係図書は数多いが、そのうち、運転について書かれたものは非常に少ない。というか、ホビー関係の本を多く揃える書店に行っても、そっち方面に特化した新幹線モノにはお目にかかったことがない。

元・エアラインパイロットの書いた飛行機本はたくさんあるのに、現役を引退した新幹線運転士が筆をとったという話も聞かない。筆無精の人が多いのだろうか。というようなことでは、どうもなさそうである。

ある週刊誌が、新幹線の運転台からの写真を撮らせてもらおうとＪＲに頼んだところ、たとえ回送列車でも無理だとニべもなく断られたそうだ。理由を聞くと「一律」という言葉が返ってきた。すべて断っているので、おたくだけ認めるわけにはいかないということである。

知り合いのカメラマンにひとり、新幹線の運転台からの走行写真を撮った人がいる。でも、それはＪＲの広告用だった。客室からけっして覗けないあの運転室は、どうやら聖域らしいのである。

そんな甚《はなは》だエクスクルーシブな運転について語ってくれたのは、光《ひかり》田《だ》望《のぞみ》さん（仮名）。三十代半ばの元・新幹線運転士である。ちょっと前までの経験でよければ、という前置きで話してもらった。公共交通機関で働く運転士の場合、覆面インタビューのほうがざっくばらんな話を聞けるのである。

時速300キロの居眠り運転

情報が少ないと、間違った情報が流布されることはままある。

以前、筆者がある人から聞いたのは、新幹線はほとんど自動で走っている、という話だった。運転士がハンドルを握るのは、駅の手前5kmからで、それまでは自動制御されるため、運転士はやることがないという説である。

2003年2月、山陽新幹線で居眠り運転が発覚した。過呼吸症候群で慢性的な睡眠不足に陥っていた運転士が、走行中に寝ていたのである。300km/hで走る電車を居眠り運転していたというニュースはショッキングだったが、それ以上に驚かされたのは、寝ていても事故が起きなかったという事実である。当時、中国に新幹線を売り込みたかった日本政府のヤラセだったのではないか、なんて噂も出るほどだった。

こういう事件が起きると、新幹線の運転に対する先のような疑いはますます強くなる。お台場へ向かう新交通システム〝ゆりかもめ〟には、運転士は乗っていない。2000年1月に開業した立川モノレールはワンマン運転だが、ATO(オートマチック・トレイン・オペレーション)に切り替えれば、ボタンひとつで発進から停車までをすべて自動でやってのける。

ジャンボジェット2.5機分、
1300人あまりの乗客をのせ、
F１マシン以上のアベレージ
で日本を駆ける新幹線。

新幹線の運転士は、果たしていったいどこまで自分で運転しているのか。前述の〝ほぼ自動運転説〟を紹介して尋ねると、光田さんは「エーッ！　そんなことないですよォ」と頭を抱えて否定した。

「時間どおりに走ることや、スムースなブレーキでお客さんにショックを与えないこと、そういう表面に現れるものはぜんぶ運転士がやっています。最終的に守ってくれるのは機械ですけど、運転しているのは人間です。あくまで〝人間のもん〟というのが私の実感ですね。その意味ではクルマに乗っている感覚に近い。リスクという点だと、クルマのほうがはるかに高いと思いますけど」

さらにこんな思い出話が続いた。

「お師匠さんの同乗で初めて運転したとき、P駅停車を通過と勘違いしていたんです。駅に停車するときは、2分余計にみておくんですけど、通過だと思っていたんで、これでいいだろうと、255㎞／hで走っていた。本当は最高速度で先を急いどかないといけないんですけどね。師匠はそれを隣でずっと見ていて、これ以上はだめだなと思ったとき〝甘い！　はい、フルノッチ〟とか言って、手を伸ばしてレバーをカシャンと(笑)」

新幹線の運転が意外や手づくりであることをうかがわせるエピソードである。

運転士のエリート

新幹線を運転するには、「新幹線動力車操縦免許」が必要だ。山手線の電車や、東海道本線の電気機関車といった在来線の動力車が運転できても、新幹線は動かせない。逆に、この免許があっても、

ほかの線では通用しない。

ただし、新幹線専用の運転免許を取るまでの道のりは、在来線のそれと大きくは違わない。適正検査を経て、学科試験と実技試験にパスすればいい。見習いの時期に「お師匠さん」と呼ばれる先輩運転士にマンツーマンで指導を受けるのも同じである。

免許を取るのが在来線よりむずかしいか、それは一概には言えないそうだが、少なくとも競争率は高い。給料もいちばん高い。在来線の運転士から転向した人も数多いが、カッコいいダブルの制服を脱いで、在来線に戻っていく人はまずいない。

そうした運転士のエリートが乗務する新幹線は、運行の環境も他のJR路線とはまったく異なる。まず、踏切がいっさいない。ほかの交通からは隔絶された専用路盤の上に、軌間1435㎜の標準軌レールが敷かれている。

線路の脇に立つ信号も、新幹線にはない。走行スピードが速すぎて、目視できないからだ。信号はすべて運転席に表示する「車内現示《げんじ》方式」をとる。その速度までなら出してもいいという制限スピードを、計器パネルに次々と表示していく仕組みだ。示される走行速度は、下から30、70、120、170、220、230、255、270、300㎞/h。もちろん停止信号も出る。

そういった信号システムを含めて、新幹線の運行を司るビッグブラザーが、CTC(列車集中制御装置)である。

たとえば、信号が230㎞/hから300㎞/hに切り替わる、あるいは300㎞/hから230㎞/hに変わる。指示された制限速度まで、どのように加速するか、減速するかは、運転士の自由である。だが、その制限速度を超えて走ろうとすると、非常制動の次に強力な常用最大のブレーキが自動的にかかる。

格違いの高速で走る新幹線は「前詰め」もできない。1時間に30本もやってくる朝晩の通勤電車のように、運転士が目視で先行列車までの距離を詰めるようなことは不可能である。各列車が前後にいわば自分の占有区間をもって走っている。それにより、先行列車の領域に自車両が入っていくことはないし、後続列車に侵入されることもない。

光田さんが乗務していた当時、それは前後各3㎞だった。ちなみに、300㎞／hから非常制動をかけても、停車するまでに4㎞〜5㎞／hかかる。3㎞では足りないではないか！と思うが、大丈夫である。前との〝車間距離〟がぎりぎり3㎞に詰まっている列車に、300㎞／hの信号はけっして出ないからだ。

「台風で反対側の列車が止まっているときなんか、おもしろいですよ。白い目をした新幹線がカブトムシのよう並んいるのが見える。高速道路の対向車線が渋滞しているのと一緒です。ただ、そのときでも、3㎞より詰まってはいないはずですけど」

全路線に点々と存在する列車を俯瞰《ふかん》で見ながら、その動きを中央集権的にコントロールしているのがCTCである。

「たぶん、みなさんいちばん知りたいのは安全性についてだと思いますけど、絶対に事故は起きないとJRが言っているのも、私にはわかります。安全を最大限に求めた最終形が、いまの新幹線じゃないでしょうか。たとえば、走行中、運転士が気を失ってしまった。そういう緊急事態が起こると、

東海道新幹線は、東京駅を通勤電車並みの最短３分間隔で出発する。

自動運転で次の駅まで行くんです。レバーが２５０㎞／ｈのノッチに入っていれば、そのまま引っ張りますけど、減速の信号が出たら、運転士がたとえブレーキをかけなくても、電車のほうで勝手に減速してくれます。そうやって、段階的にブレーキがかかっていって、最後は必ず駅で止まるようになっています」

つまり、ふだんは自動運転ではないが、運転士が仮に人事不省に陥っても、次の駅まで自動運転で辿り着くポテンシャルはもっている。山陽新幹線での居眠り運転事件は、見事にそのフェールセーフ機構が働いた事例だった。

「結局、スピードが速すぎるので、人の判断でどうこうということは、かなりむしり取られているのが新幹線なんです。逆に言うと、人が判断できなくても、なんとかなるという状態に運行システムを高度化しないといけない。それがＣＴＣですね。だから、在来線のほうが、人間のやる運転はずっとシビアだと思います。自分で判断することがはるかにたくさんありますから。

運転法規のテキストも、新幹線の3倍くらいありますよ(笑)」

新幹線のスピードキング、最高300km/hで走る山陽新幹線の500系のぞみは、新大阪〜博多間622・3kmを2時間21分で結ぶ。途中駅の停車時間まですべて含めた、いわゆる表定速度は、264・8km/hに達する。本当にF1レースの平均速度など目じゃないアベレージである。

「でも、モノが大きいので、スピード感はクルマほどじゃないです。学生時代、ドイツへ旅行したとき、BMWを借りて、アウトバーンでためしにどこまで出せるかやったんです。頑張って217km/hまで出したけど、あのときのほうがよっぽど速く感じました(笑)」。

ヘタな新幹線運転士とは

乗務中の新幹線運転士は、大きなカバンを携行している。中に入っているのは、まず、ダイヤグラムだ。素人にはほとんど判読不能な、たくさんの線で記した時刻表である。

出発前に使うチェックリストも重要だ。航空機のそれと違って、1枚完結の簡単なものだが、「ライト点灯」などを始めとして、16項目にわたる運転前のチェック事項が要領よくまとめてある。

いちばん嵩張《かさば》って重いのは、マシントラブルの応急処置について書かれたマニュアルである。機械だから、故障はある。走行機器だけでなく、車内設備の不具合についても、その対処法が記してある。

七つ道具で忘れてはならないのは、セイコーのクオーツ懐中時計である。新幹線の運転士時計として市販もされているが、プロが持つのは会社から支給されるシリアルナンバー入りだ。仕業前には、点呼場で必ず時間を助役の時計と合わせる。出発、到着、通過など、すべての時刻はこの懐中時計にもとづく。定時運行の基本である。

ダイヤどおりに出発して、到着するのはあたりまえだが、通過駅も〝定通〟（定時通過）が原則だ。市販の時刻表に記載はないが、定通とは、通過駅を決められた時刻のプラスマイナス1分以内に通過することである。それを超えると、事故扱いになる。とくに1分以上遅れた場合は、すぐに無線で指令所から理由を問いただす連絡が入るそうだ。

「1分どころか、ふつう、プラスマイナス5秒以内で通過しています。乗る前は、私もなんでそんなこと、できるんだろうと思ってましたけど、見習い時代の1回目からできました。

運転席のメーターには、いま走っている地点のキロ程が常に表示されます。各駅のキロ程は、覚えています。たとえば、次の通過地点まで、あと60㎞。その区間を20分で通過しようとすると、3倍すればいいから、180㎞／hで走ればいいわけです。つまり、残りの距離数と、残りの時間から、そこまで時速何キロで走ればいいかを割り出す。最初のうちは紙に書いたりしてましたけど、そんなことしているうちに、どんどん進んじゃいますからね。電卓使ってる人ですか？　いません（笑）。慣れですよ。それがうちらの仕事ですから。基本的にはすべての駅間でその計算をやっていきます。眠くなる暇はありませんね」

ちなみに、プラスマイナス1分以内の定通ができなければ、試験には絶対受からない。天皇陛下を乗せるような、ベテランの模範運転士になると、すべての駅を時報のように正確に通過するという。

最高300㎞／hもの高速で走るのに、新幹線は加速も減速もスムースである。つり革に掴まっていないとよろけるような、通勤電車的なGはかからない。

停車駅が近づくと、新幹線独特の車内現示信号に示される制限速度は、段階的に落ちてゆく。３００km／hからだと、「１７０」、「70」、「30」といったふうにだ。

これらの信号に対して、運転士がなんのアクションを起こさなくても、常用最大ブレーキがかかって、列車は制限速度まで減速する。ＡＴＣ（自動列車制御装置）による自動ブレーキである。

しかし、ふだんそんなもののお世話になることは、運転士として名折れである。事故扱いにはならないものの、自動ブレーキだと、ショックを伴う強い制動になりがちだからだ。キロ程のどの地点で信号が出るかは決まっているので、それが出る前にあらかじめ制限以下のスピードまで減速しておく。

「ＡＴＣブレーキに当てちゃったら、要するにヘタってことです。クルマでカックン・ブレーキかけるようなものですから。フェールセーフ機構に当てないために、常に前々で操作するのが、私たちの仕事ですね。制限速度の信号現示がどこで出るか、それを覚えるには、地上の目標物をよく目印にします。建物だとか、看板だとか。あれを過ぎると、〝１７０〟が出るとか。だから、見習い時代、初めて夜走ったときは困りました。景色が昼とはぜんぜん違いますから」

新幹線の運転も、けっこう〝手づくり〟に思える。

はっきり言って、楽しかったです

電車の運転士に話を聞くと、必ず出るのがホームに停車する際のブレーキングの難しさである。鉄

のレールの上を鉄輪で走る重い車両を、ホームの決められた位置に、正確に、しかもスムーズに止める。それが電車の運転技術におけるハイライトだと、これまでに取材した全員が語った。

16両編成で、全長400m。空車重量でもおよそ700tになる新幹線の場合、その苦労やいかばかりか、と想像されたが、しかし、光田さんの話は、その点で大いに意外だった。ブレーキをやさしいとは言わなかったが、とくにむずかしいと強調することもなかったのである。意外を通り越して、やや拍子抜けでもあった。

だが、それはホームに入ってくる光景を思い浮かべると、多少、納得がいく。新幹線は、非常にゆっくり入線してくる。電車というよりも、エプロンにつける大型旅客機のような〝しずしず感〟がある。山手線や京浜東北線を走る10両編成の通勤電車のほうが、その点はるかに乱暴である。

新幹線は、停車駅に入る手前で30㎞／h以下に減速する。すでにそこまでスローダウンしているので、心構えは十分できるという。先頭車両がホームの先端にさしかかってから、停車するまでに、通常1分をかける。新幹線は、走らせると速いが、止まらせると遅い、と言ってもいいのではないか。出すところでは出し、ゆるめるところではゆるめるという、この緩急の大きな差が、安全性を支えているひとつの要素にも思える。

だが、鉄道の運転で最もむずかしいと言われる〝停止〟が、それほどむずかしくないとなると、新幹線の運転も、それほどの難敵ではないのではないか。

免許をもっていない筆者が、新幹線を運転するのは不可能である。いきなり、運転台に座らされたところで、当然、手も足も出ない。しかし、隣に「お師匠さん」がついて、すべて指図をしてもらったとしたら、どうなのだろう。言われたとおりにやれば、すぐに運転できるのだろうか?

「あ、できます。新幹線はだれでもできるって言われてます。実技の訓練に入る前、お師匠さんの運転を見て、いったい何日目で自分がハンドルを握るんだろうって思ってたんですが、初日でした。というか、お師匠さんの運転を見る前に、座れって言われました。一応、シミュレーターでの経験はありましたけど、でも、まさか実演もなしで、いきなりハンドル握らされるとは思いませんでした。でも、できたんですよ。定通もできたし、停止もできた。あ、待てよ、停止は1回だけお師匠さんのを見たかな。教えかたは〝マスコンのノッチを抜いて……、ブレーキを何ノッチ入れて……、まだまだまだ……、ハイ、そこで1ノッチ〟とかいった感じですね。初めてやったときは、30㎝くらい行き過ぎちゃったかもしれませんけど、言われたとおりにやったら、なんとかなりました」

新幹線運転士は、けっして機械の見張り番ではない。けれども、かといって、運転に格別の職人芸は要さない。

運転を自動化すると、人間は楽になる。しかし、その分、運転に対するモチベーションは失われる。そういう意味で、人間の役割と、機械の役割とが、絶妙のバランスを取っているのが、現在の新幹線というシステムなのかもしれない。

光田さんはすでにJRを辞め、いまはまったくべつの仕事についている。マイカーは先代のフェアレディZ。クルマはなにより自由に向きを変えられるから好きだという。これはジョークではない。レールの上しか走れない鉄道車両を運転していた人は、自動車のファン・トゥ・ドライブを、まずそこに感じるようである。

では、新幹線にファン・トゥ・ドライブはあったのだろうか。

「見習い時代、楽しいなんて言うと、お師匠さんに怒られましたね。お客様乗せてるのに、楽しいとはなんだと。たしかにクルマでもなんでも、自分以外の人を乗せたときは、楽しみなんか追求しちゃだめなんじゃないかって気はしますね。

でも……、はっきり言って、楽しかったです。たとえば、計算どおりに定通できたときも、おもしろさはあります。ブレーキだって、ノッチを一度も微調整せずに止まれることが、たまにあるんです。前の駅でこうだったから、こんどはこのノッチの段数でいけそうだと思ってやると、できちゃう。そんなときは人知れずうれしいです。

東海道新幹線乗ってて、勾配を感じるお客さんはいないと思いますけど、けっこう多くの山を越えていくんです。いまからあの山を越えるんだなと、そのときは遥か遠くに見えていても、あっというまに越しちゃう。10㎞くらいでも、2分程度で行きますからね。そうすると、大きな景色の流れが短時間に見えていく。なにしろ、1日に2000㎞とか走りますから。とくに私は山を越えていく感覚が好きでした。季節も、出発地と終点で違います。朝、家で雨が降っていると、ああ、これはきのうのあの雲なんだな、とかね。距離や時間のスケール感が、普通の人の日常とはまったくかけ離れている。そんなところもおもしろかったです」

空荷でも、車重はトヨタ・ヴィッツ80台分。大地を揺すって走る究極のダンプ。一般車と違って、騒音規制はゆるいから、走行音も大きい。泣く子も黙る。

重ダンプの運転

けっして道路ですれ違わないダンプが〝重ダンプ〟である。アメリカでは「オフハイウェイ・ダンプトラック」と呼ばれる。ふだん見慣れたダンプとはまったく別物の巨大建機である。

重ダンプが働くのは、露天掘りの鉱山や採石場、ダムや空港などの大規模プラントだ。大きいクラスになると、自走はおろか、輸送もできないので、バラした状態で搬入し、現場で組み立てる。

「海外の大きなプラントだと、何十台と連ねて走っています。運転手は交代しますけど、クルマは動かしっぱなし。燃料補給にしても、オイル交換にしても、最短の時間でやる。レースと一緒ですね。ダウンタイムをどれだけ少なくして生産量を上げるかが勝負ですから」

取材に応えてくれたのは、コマツ・テクノセンタの古屋操さんだ。

栃木県の葛生《くずう》にある石灰石採石場でも、たくさんの重ダンプが働いている。この連載のために、以前、そこのクルマを取材させてもらおうと編集者が申し込んだところ、ケンもホロロに断られた。「で、いくらもらえんの」くらいのことを先方の担当者に言われたらしい。

でも、古屋さんの話を聞けばナットクだ。現場ではベルトコンベアのような生産設備として扱われ

KOMATSU
KOMATSU

るのが重ダンプである。
とはいえ、運転しているのはひとりの人間だ。

ダンプ10台分のマンモス・チョロQ

静岡県伊豆市にあるコマツ・テクノセンタは、コマツ製品のデモンストレーション会場である。ガラス張りの観覧席で、さまざまな建機の〝実演〟を見ることができる。商談やオペレーターの研修に使われる。

そのテストフィールドで対面したのは〝HD985-5〟。いや、「対面」なんていうそんなタメグチ的表現は正しくない。ただただ見上げるばかりの偉容である。生で見るのは初めてというスタッフが歓声を上げている。

全長10・6mといえば、メルセデスSクラス・ロング2台分だが、その長さをけっして長く感じさせない幅とタッパがスゴイ。

全幅は5・9m、全高は5・1m。ま、総二階の一戸建てと思えばいいわけだが、クルマ以外の何者にも見えないのは、タイヤが付いているからだ。

そのタイヤがまた、笑えるほどデカイ。絶対的にも相対的にもデカイ。おかげで、さながらマンモス・チョロQである。実際、タイヤが小さかったら、これほどのビジュアルショックはないはずだ。

前輪2本、ダブルタイヤの後輪に左右2本ずつ、合わせて6本のブリヂストンタイヤは直径2・9m。

交換はクレーンを使って行う。海外では、作業中に人が下敷きになって死ぬ事故があったらしい。

肝心の積載能力は、100t積みである。つまり、ふだん公道を走っている大型ダンプ10台分の仕事を1台でこなす。空車重量は約80t。荷を積んだときの総重量は180tに達する。ジャンボジェットの自重よりまだ重い。

国内で使われる重ダンプは、20～60t積みが一般的だ。HD985は最大級だが、これでも国外では「中途半端な大きさ」だという。コマツでも320t積みをつくった実績がある。

後輪を駆動するエンジンは、3万500ccの12気筒ディーゼル・ターボ。2100rpmで1024psを発生する。なにもかも乗用車とは桁違いの数値だから、ピンとこない。

ベッセル（荷台）の後方左側面を見ると、煤《すす》で黒くなった穴がある。エンジンの排気口だ。なぜこんな高い位置にと思ったら、排気の熱でベッセルを温める設計だという。土砂などの付着を避けるためだ。

横から見て、ベッセルがスリ鉢状になっているのは、重い荷を車両中央に集めるためである。ミドシップの理屈だ。極端に短いフロントオーバーハングにも理由がある。最小回転半径は12.5m。鼻がないので、図体のわりに小回りがきく。

このように、すべてが合目的的にできている。無駄もなければ、虚飾もない。見上げていると、どんどんかっこよく見えてくる。

価格は1億5千万円する。このクラスになるとすべて受注生産だが、注文台数によっては、1台あたり、ひと声フェラーリ1台分くらいの値引きも期待できるらしい。

意外や地味な運転席。運転操作も、動かすだけならカンタンだが……。

高さ4mの運転席

重ダンプの運転席は〝2階〟にある。鼻先の斜めラダー(オプション)を7段上り、エンジンの上にできた踊り場を通って、通路をグルッと回ると、運転席のドアがある。

頭上は、ベッセル前端がそのままひさしになっている。雨をしのぐためではない。積み込み時の落石からキャビンを守る鋼鉄の屋根である。

キャビンには運転席と助手席が並んでいる。100tも積めるのに、ふたりかよ⁉ しかも、助手席シートは明らかに小振りで、補助イスの域を出ない。タイヤで動くベルトコンベアは、ひとりで乗るのが基本である。

助手席の古屋さんからコクピットドリルを受ける。といっても、「運転的には、ものすごく簡単」とのこと。

変速機は7段AT。フロアセレクターも見慣れた形だ。ただ、乗用車の運転と違うのはブレーキで、一旦走りだしたら、通常の制動は、ステアリングコラム右側から生えるリターダーレバーで行う。リターダーとは、油冷多板ディスクと排気ブレーキとを協調させた補助ブレーキで、後輪だけにきく。とくに空荷だと、前後輪にきくフットブレーキは強力すぎるのだという。

そのほか、ダッシュボードまわりにあるひととおりものについて、説明を受ける。とりたてて驚かされるものはなかったが、ふと気づいたダッシュ向こうの景色にはたまげる。ドライバーのアイポイ

積載能力は、普通の大型ダンプ10台分。荷台をスリ鉢状にしてあるのは、積み荷を車両中央に寄せるため。

ントは地上4m近くの高みにある。カメラマンが下の地面にポツンと見えた。

キーをひねると、始動は一発だった。3万ccあまりのディーゼル・ターボがズロロンと回り始める。センターパネルにある小さなトグルスイッチで駐車ブレーキを解除して、Dレインジに入れ、そーっとスロットルペダルを踏む。ゆっくりと走り始めるのはあたりまえなのだが、それがあたりまえには思えなかった。「ウソみたい」である。運転操作は乗用車と変わらないが、とにかくこの大きさ、とにかくこの高さ、とにかくこの質量感。クルマを動かしている感じはしない。ビルを移動させているかのようだ。

最高速は70km／hとされているが、おそるおそるだから、出ても20km／hそこそこだ。そんなペースで、学校の校庭くらいの広さがあるフラットなダートコースを数周する。

直径45cmのステアリングはもちろんパワーアシスト付で、すこぶる軽い。右側のコラムレバーを引いて、リターダーを効かせる。フットブレーキも踏んでみる。どっちもよく効く。運転席で力仕事はいっさい不要だ。

アクセルは床まで踏んだほうがいいと助手席からアドバイスが飛んだ。やってみると、グワングワンとしゃくりあげるような動きが消えて、走りがスムースになった。パートスロットルだと、ピッチングの揺れでアクセルを踏む足が微妙に上下していたのである。前車軸より前にぶら下がるキャビンの乗り心地は、乗用車ほど快適ではない。なにしろ一千馬力を超える巨大建機のエンジンとあって、音もかなりのものだ。

ビビったら終わりです

言われたとおり、運転操作はむずかしくなかった。テクノセンタには若い女性のインストラクターもいる。極端な高所恐怖症でもない限り、AT車に乗れる人なら、わけなくだれでも乗れそうだ。

とはいえ、それも条件次第である。この日は、よく締まった平坦な地面を空荷で走っただけだった。しかし、100tの荷を満載して走る現場だと、こんな簡単にはいかないらしい。

「いちばんむずかしいのは、雨の日の下り坂ですね。インジケーターで2速を確認しながら、1800〜2200rpmを保つようにリターダーで速度を調整して下ります。2400rpmを超すと、上のギアにいっちゃいますから。制動が強すぎて、タイヤがロックすれば体でわかりますけど、そうなる前から、サイドミラーで後輪を確認しておく。いかにスリップさせずに、ゆっくりタイヤを回して降りてこれるかがワザなんです。

それでもロックしたら、ブレーキをゆるめるか、もしくはアクセルを踏んで、少し駆動を加えてやります。逆の操作だから、最初はこわいですよ。ビビったら終わりです。でも、100t満載の下り坂で、ましてや雨の日なんかにロックさせたら、こわいなんてもんじゃないです。滑り台と一緒。上から下まで、ズドーっていきます」

テクノセンタにも、スキーの上級者コース並みに急な坂がある。ドライバーの研修などで初めてホイールロックを経験すると、なかにはパニックに陥る人もいるそうだ。

センターパネルでひときわ目立つ赤いレバーは、エマージェンシーブレーキだ。ふだん使うブレーキとは別系統の緊急用である。フットブレーキを踏んでいても、押すと後輪ブレーキだけになるスイッチも付いている。「フロントブレーキ開放システム」という。雪道や凍った路面などで、不意に前輪がブレーキロックしたときに使って、操舵を確保する機構だ。途方もなく重くて大きい重ダンプは、止まることばっかり考えてつくられているのである。

ダートの下り坂でタイヤをロックさせると、路面が荒れる。それが後続車のスリップを誘発する。岩盤質の現場だと、ブレーキロックはてきめんにタイヤを傷める。当然、パンクの危険性も高まる。HD985のタイヤは1本二百数十万円する。

燃料タンクは1200ℓ入り。しかし、ベッセル満載でフル稼働させると、8時間で空になる。

重ダンプから降りたあと、普通のクルマに乗り換えたら、どんな感じだろう。この取材で、最後の楽しみにしていたのがそれだった。比較試乗をすると、前のクルマの印象に引っ張られるということが必ずある。

この日、重ダンプの直後に運転したのは、車重0・8tのルノー・キャトルだった。

だが、なーんもなかった。HD985の残像がオーバーラップするようなことはなく、それは昔なつかしいキャトルのままだった。重ダンプは、桁外れの別格なのだ。クルマもいろいろである。

しんかい6500の運転

「ちなみに、乗るときって、かなり〝命がけ〟の覚悟だったりするんですか」

〝ちなみに〟が口癖の担当編集トシキ青年が、インタビュー開始直後に質問した。飯嶋潜航長は笑顔をつくっただけだったが、しかし、何も知らない一般の人がそんな疑問をもつのは無理からぬことかもしれない。

深さ６５００ｍまで潜れる有人潜水調査船が〝しんかい６５００〟である。日本の東側にある６０００ｍ超級の海底を主に調査するために、１９８９年に建造された。

スペースシャトルの軌道は、地球から約２５０km離れた宇宙にある。それからすると、しんかい６５００が働くのは、海面下わずか６・５kmのところだ。山手線の駅５つ分程度である。にもかかわらず、「深海」というだけで、多くの人が得体の知れなさを感じる。わからなくてコワイという意味では、宇宙以上かもしれない。

運営母体である海洋研究開発機構（ＪＡＭＳＴＥＣ）には、飯嶋一樹さん（34歳）を含めて、８名のパイロットがいる。ＯＢを入れると20名。欧米の潜水調査船パイロットを合わせても、世界全体でせいぜい100名程度ではないかという。最もレアなパイロットかもしれない。

6500は、調査潜航を開始した91年からいままでに約820回の任務をこなしている。先代のしんかい2000は、83年に就航して以来、1200回を記録している。2艇ともに、これまで乗員が身の危険に晒《さら》されるようなトラブルは一度も起きていない。

自らの重さで6500mの深海底へ

神奈川県横須賀市、日産自動車・追浜工場にほど近いJAMSTECのドックで、しんかい6500に対面する。

全長9・5m、全幅2・7m、全高3・2m、空中重量25・8トン。ちょっとマンボウに似た白い船体は、想像していたよりも大きかった。

前頭部に、一対の〝マニピュレータ〟が装備されている。海底から必要なものを採取するための自在腕だ。その下には採集物を入れるバスケットが付く。船体フロント部の3カ所には、透明の窓も開いている。いずれも、軍用の潜水艦にはない装備である。

一方、船体の最後部につくプロペラ(スクリュー)が主推進器だ。左右80度にわたって扇風機のように首を振り、舵としても働く。

上下の動きは垂直スラスター、ノーズを左右に振るのは水平スラスターが担《にな》う。すべてのモーターを駆動するのはリチウムイオン電池である。

しかし、これらの推進装置を使うのは、海底に到着してからだ。最深6500mの目的地への往復は、きわめてシンプルに行われる。

船底に鉄のおもり（重量バラスト）を抱えたしんかいは、自らの重さで真下に沈んでゆく。そして、海底の直上でバラストを半分落とし、沈降を止める。調査の任務が終わると、残りのバラストを切り離して、自らの浮力だけで浮上する。

当然、いちど上がったら、母船上で新しい重量バラストを積むまでは潜航できない。バラストタンクへの水と空気の出し入れだけで自在に潜航・浮上ができる潜水艦とは、そこがまったく違う。その点では、ワイヤに繋がれていない一往復限定のエレベーターみたいなものである。

仕事場はチタン製の半畳間

パイロットとコ・パイロット（副操縦士）、そしてオブザーバー（研究者）、合わせて3人の乗員は船体フロント部にある〝耐圧殻《たいあつこく》〟に搭乗する。内径2m、厚さ7・4cmのチタニウムで出来た中空の真球体である。しんかい6500の文字どおり核心だ。

上部のハッチからハシゴを伝って船内に降りると、その狭さに思わず笑った。ビニールのマットレスが敷かれた床は、半畳ほどだろうか。直径2mの球体といっても、内周にぎっしり並んだ計器類で実際の容積はだいぶ削られている。ひとりでも圧迫感を感じる空間だ。

コクピットのような特別の操縦席はない。ただのイスもなく、しかも土禁《どきん》という意味では、和室で

マット敷きの狭い床。頭上をグルリと取り囲む計器やスイッチ類。外は海底6500m。閉所恐怖症では務まらない深海パイロットの仕事場。

ある。調査が始まると、パイロットは直径12㎝の覗き窓に顔をくっつけるようにして寝っ転がり、推進装置の集中リモコンを抱えて操船する。オブザーバーのリクエストに応えて、マニピュレータのコントローラーも操作する。コ・パイロットは、ふたりの後方に座り、計器や機器類のチェック、酸素濃度の監視などにあたる。

パイロットやコ・パイロットといっても、公の資格や免許があるわけではない。あくまでＪＡＭＳＴＥＣの職制上の呼び名である。ただし、ここでは小型船舶1級免許の取得を義務づけている。

調査海域の海面に母船のよこすか丸から下ろされたしんかい６５００は、実働8時間を基本としている。６５００ｍまで潜る場合、潜航と浮上に2時間半ずつかける。残りの3時間が、肝心の調査タイムである。

マニュアル車的な乗り物

バラストタンクに海水を注入すると、いよいよ潜航開始だ。２時間半かけた深海底への旅が始まる。90年に入所し、すでに１８０回以上の潜航を経験している飯嶋さんでも、最も緊張するのが潜り始めた直後だという。飛行機のパイロットで言えば、異次元に飛び立つ離陸の緊張感に似ているだろうか。ハッチの状態や、電気系の絶縁にはとくに神経を払う。水圧がかかると、直径50㎝のハッチはメタルタッチで完全に密閉されるが、精度の高さゆえ、耐圧殻とのあいだに髪の毛1本入っていても、水密が保てなくなる。

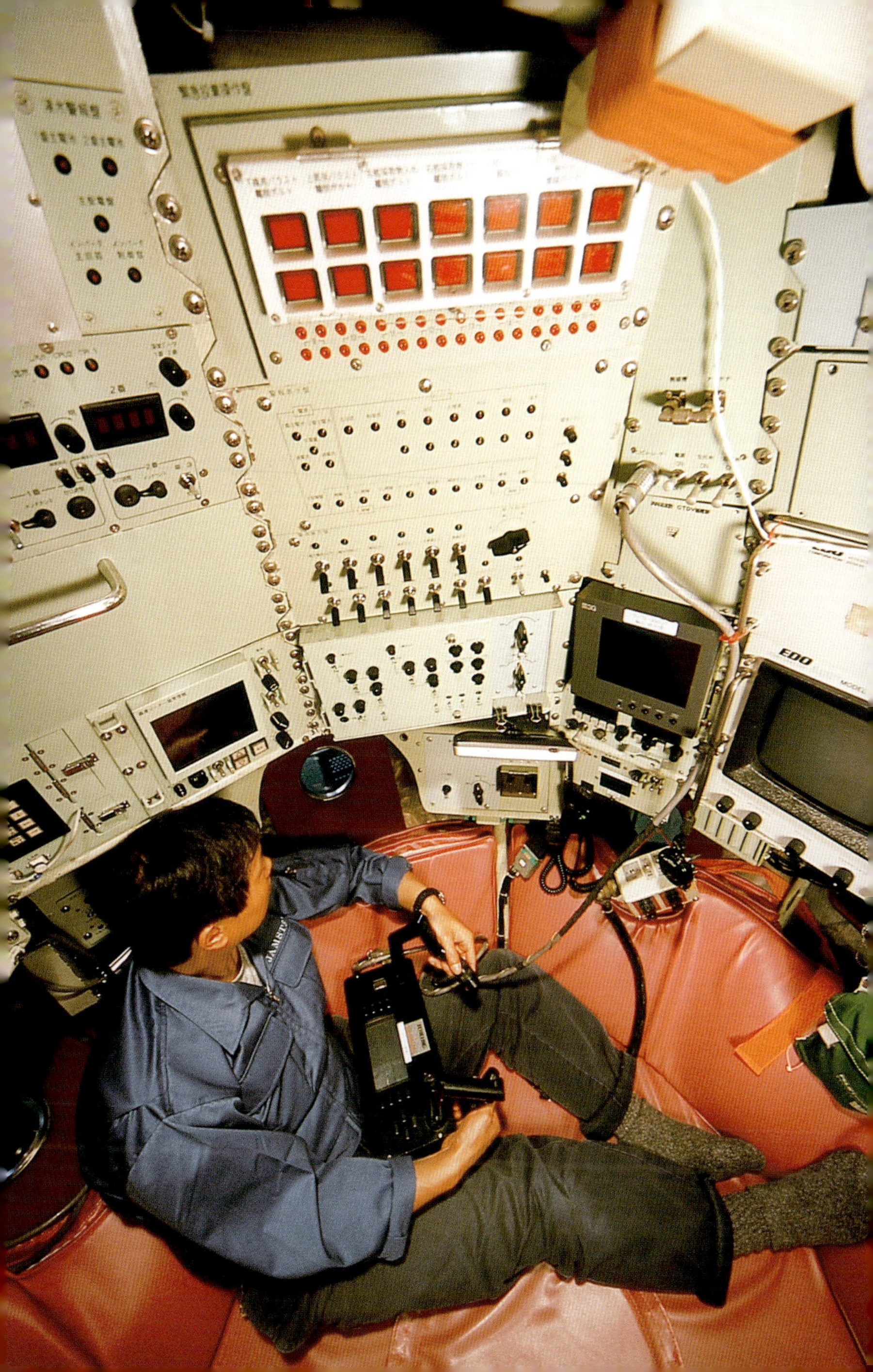
EDO

沈降速度は毎分約40ｍ。時速にして2・6㎞／h。エレベーターよりずっと遅い。落ちてゆく実感はまったくないそうだ。居場所を知る手がかりは、１ｍ単位で表示される深度計だけである。室温は常に20度前後。湿度も低い。船内には酸素瓶から吹き出すエアの音と、機器類のハミングが聞こえるだけだという。

揺れはない。母船で酔っていた研究者も、こっちに乗り込んで潜り始めると、すぐに治るとか。潮流で流されても、一緒に流れるので、体では感じない。風で飛ぶ熱気球が風を感じないのと同じ理屈だ。

「南米チリ沖の東太平洋海膨《かいぼう》っていう、プレートができる海底に、ブラックスモーカーという熱水が吹き上げているところがあるんです。小高い丘の上から、ものすごい勢いで３００度以上の水（高圧なので、沸騰しない）が噴出している。研究者はあの黒い水がほしいんだと言うんですけど、なかなか近くに寄れない。完全に熱の対流ができていて、近くまで行っても、水の流れで飛ばされてしまうんです。何度やっても、同じところに戻ってきてしまうんですよ」

そんなスペクタクルな潜航のときでも、ガツンという衝撃を食らうようなことはないという。

６８０気圧。すなわち１㎝四方に６８０㎏の重さがかかる６５００ｍの海底では、チタンの耐圧殻といえども、直径が1㎝縮まる。耐圧殻と同じく、厚さ7㎝あまりのアクリル製覗き窓も、周囲が変形して、視界がわずかに歪む。それでも、潜水艦映画で聞き覚えのあるキシミ音などはかつて一度も聞いたことがないそうだ。

海底が近づくと、その１００ｍ上まで降りてきたところで、重量バラストを切り離す。総重量

1200kg、鉄板を組んでつくった4個のおもりの半分を落とす。このときだけは、エレベーターが止まるようなGを感じるという。

沈降が止まったら、バラストタンクの海水を出し入れするなどして、中正《ちゅうせい》トリムをとる。船体が浮きも沈みもしない状態に浮力のバランスを合わせるのである。調査は海底すれすれを航行して行うのが基本だから、トリムがとれていないと、垂直スラスターを余計に使うことになる。バッテリーの無駄遣いを防ぐためにも、この作業は入念にやる。

それから垂直スラスターを下向きにかけて、着底する。海底は泥や砂や、岩盤や溶岩質などさまざまだ。飯嶋さんはなるべくショックゼロを心がけている。母船からの音響ソナーで調査海域の海底地形図はあらかじめとってある。海底の起伏のイメージは、潜る前からおおよそ掴んでいるそうだ。

着底後、5分ほどで潮流などのデータをとると、調査を開始する。それからは研究者の求めに応じて船をコントロールするのがパイロットの仕事である。

7基の投光器で照らされた海底は、視程約10m。それ以遠の障害物は音響ソナーで探す。最大速力は2.5ノット(4.6km/h)だが、通常は1ノット前後の微速で進む。

潜水艦と違って潜舵はないから、斜め上下に動くのは苦手だ。斜面に沿って上昇するときは、バラストタンクの調節であらかじめ船を軽めにしておいて、主推進器と垂直スラスターの推力をうまくバランスさせる。

水平スラスターはあまり使わない。後進もほとんどかけない。後ろがまったく見えないという理由もあるが、泥質の海底でバックすると、濁りが前に押し寄せてきて、前方視界まで奪われてしまう。

長さ9.5m、高さ3.2mの船体。えぐれた船底部の内側に、人間の乗る耐圧殻がある。

前進していると、目の前に急に1～2ｍの段差が現れることがある。ソナーでチェックしていても、ノイズと区別がつかずに見落としている。後進をかけるのは、そうした緊急回避のケースが多い。

　主推進器と垂直スラスターのリモコンに付くのは、4つのロータリースイッチである。小さなツマミを回す動作で、けっして小さくない船体を水中でコントロールするのは、クルマの運転からするとかなり隔靴《かっか》掻痒《そうよう》ではないかと想像する。

　実際、動きはかなりニブイそうだ。しかし、だからこそ、操縦のし甲斐もあると飯嶋さんは言った。どうすれば、行きたいところへ最も効率よく船をもっていくことができるか、経験を積めば積むほど、そのノーハウが増えていくところがおもしろいという。縦列駐車に泣き笑いするようなことを、6500ｍの深海底でやっている人がいるかと思うと、地球は広い、というか、深い。

　これまでに恐かったり、狼狽《ろうばい》したりした経験はあり

岩石などを採取するマニピュレータ（写真左）。取ったものは下にあるバスケットに入れる。写真右はそのコントローラー。自在継手のレバーを動かしたとおりにマニピュレータも動く。

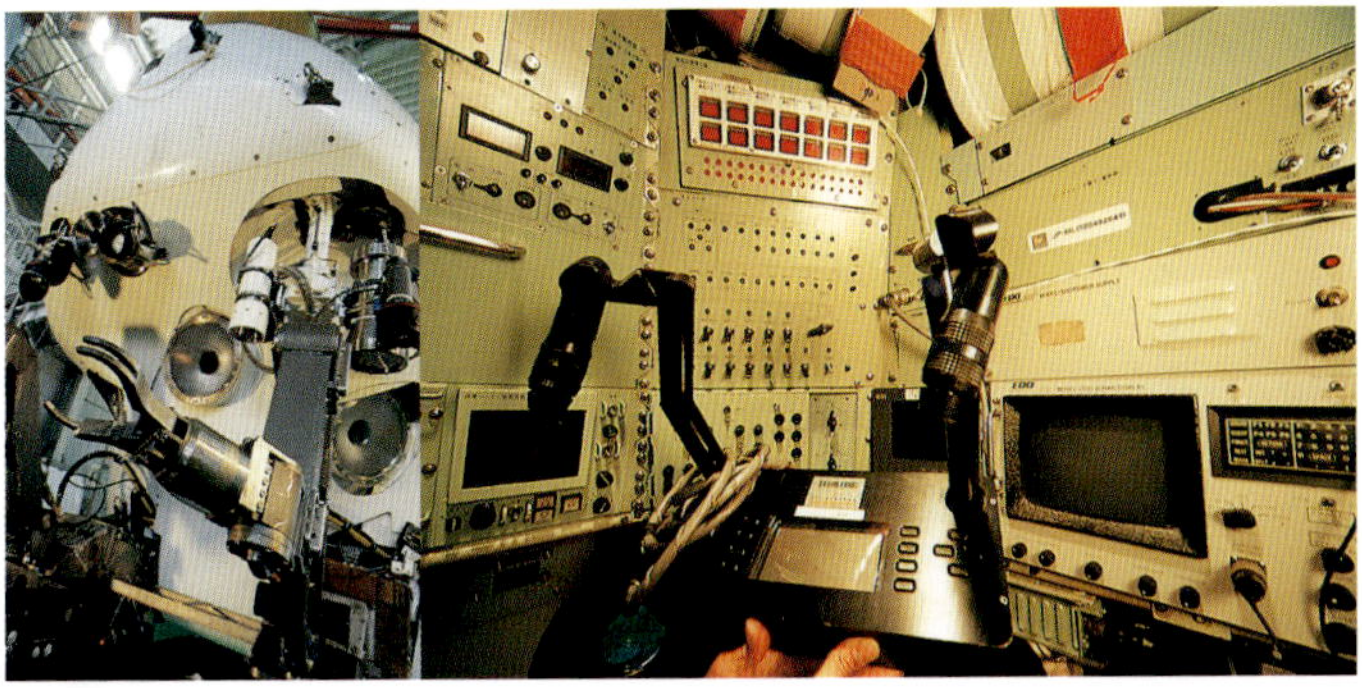

ますかと聞くと、「ありません」とほぼ即答した。いちばん恐かったのは、十数年前、訓練潜航で初めて潜ったときだが、それは単に未知の環境に対する不安からで、やってみると、なんてことはなかったという。

飯嶋さんは、明るくて、さわやかな、いい意味でごく普通の人である。人間の中正トリムがとれている感じだ。空も含めて、実にパイロット的なメンタリティの人だなあと思った。

しんかい６５００の話を聞いて、意外だったのは、こと操船に関する限り、自動化が進んでいないことだった。針路を維持するオートパイロットはあるが、自動といえばそれくらいである。

潜航の最後も、海底が近づいたことを感知して、重量バラストを自動的に落とすような装置はない。沈降を止めるのは、あくまでパイロットの操作である。

海底の調査が目的なので、深度６５００ｍを超える海に潜ることはないが、仮に６５００ｍを超えても、警報ひとつ鳴るわけではない。しんかい６５００はマニュアル車的な乗り物である。

水陸両用車の運転

水陸両用車。なんとも力強く、なつかしく、そして、夢のある言葉である。

なにしろ、「水陸」とくれば、「両用車」ときまっている。ほかにくる単語が見当たらない。にもかかわらず、けっして身近にはないのが、夢を誘うゆえんだろう。

水陸両用車を英語ではなんと言うのか。さっき調べて、初めて知った。

〝amphibian《アンフィビアン》 vehicle《ヴィークル》〟である。見慣れない〝amphibian〟とは、「両生類」のこと。英語ではもっと夢がある。

子どものころから、聞いたことはあるが、しかし、見たことも、ましてや触ったこともない。そんなドリームカーの運転を探求してみることにした。

ときめきを求めて

「もう、なに乗っても、ときめかないでしょ……」

キャリアから降ろしたクルマをチェックしながら、小河和彦さんがつぶやいた。2台のカナダ製水陸両用車を扱う〝オアシス〟の代表だ。日本全国のサーキットを根城にしていた元レース屋さんで、新たにときめくクルマを見つけだし、自ら輸入を始めた。

クルマはいずれも、オンタリオ・ドライブ&ギア社の製品で、カーキ色の軍用車風フルオープン6輪車が〝アーゴ〟、簡単なクローズドキャビンが付いた8輪のトラックが〝センタウル〟である。

8輪とか6輪とか言うと、巨大なクルマが想像されるが、小径の低圧バルーンタイヤを履く2台は、遊園地の遊技車両を思わせるコンパクトさだ。全長は大きいほうのセンタウルでも3mをきる。軽自動車よりはるかに短い。それでいながら、水も陸もイケるアンフィビアンなのだから、よほどスレたクルマ好きだって、ときめかないほうが不思議である。

クルマをチェックしていたら、アーゴのほうに看過できないモンダイが発生した。ドレーンコックのキャップを忘れてきたのだ。強化ポリエチレン製のボディは、水に浸かる部分がもちろん水密構造にはなっているが、オープンボディだから、上からしぶきがかかることはある。雨が降れば、床に溜まる。そのために、水抜きの穴が付いている。そのキャップが付いていなかった。このまま進水したら、すぐ浸水してしまう。

買ってきたガムテープで、応急処置をする。とくに水圧のかかる穴ではないので、これで大丈夫らしい。「ハイ、魔法のテープで水陸両用車になりました」。地面から起き上がって、小河さんが言う。クルマは、ガムテープで直るくらいがいい。

時速4㎞の水上走行。バルーンタイヤの回転で水をかき、左右の回転差で舵をとる。動きはニブイ。そのわりに、エンジン音は盛大。

コワイではないか

試乗したのは、河原である。トライアルバイクが練習に来ているダートもあれば、増水で出来た大きな水溜まりもある。水陸両用車を試すには絶好のロケーションだ。

最初に乗ったのは、とっつきやすそうなセンタウルだった。2人乗りのキャビン後方に952ccのダイハツ製水冷3気筒（31ps）を積んでいる。変速機はトルクコンバーター付きのCVT。チェーンで総輪を駆動する基本はアーゴと同じである。

しかし、こちらの運転席には大きなフロントガラスがあり、丸いステアリングホイールもつき、ペダルも揃っている。扱いは普通のAT車と変わらない。

ただし、操向機構はこちらもアーゴと同じスキッド・ステアリング。ハンドルを右にきると、右側の車輪にブレーキがかかって、右ターンする。左右輪を逆回転させることはできないので、〝その場ターン〟こそ不可能だが、クルッと回る小回りのききは普通のクルマとは別次元だ。

サスペンションはなくても、8本のバルーンタイヤのおかげで、乗り心地はうそみたいにイイ。大きな石に乗り上げたと思っても、タイヤがそれを包み込むようにたわんで、何ごともなく通過する。そんなことを確認しつつ、陸上で足慣らしをすませる。

浮力体を兼ねるタイヤのトレッドには、水かきがついている。スクリューのようなものはなく、水上での推進力ももっぱらタイヤの回転で得るため、運転操作は陸上とまったく変わらない。というよ

Argo 6x6

うなことを教わってから、いよいよ水へ向かう。

四駆で河原や海辺の水際《みずぎわ》を走ったことはある。いや、レンジローバーの試乗会では、水深50㎝ほどのクリークを何十メートルか、〝川下り〟したこともある。だが、これからやるのは、たったいままで陸を走っていたクルマでの水上走行なのだ。そう思うと、うれしいとか、楽しいとかではなく、まず怖さが先に立った。クルマに乗った状態で、地に足がつかなくなるという、初めての経験が不安だった。水陸両用車、ちょっとコワイ。べつにカナヅチではないのに、正直、そう思った。

意を決して、水の中に入っていく。遠浅なので、しばらくは石コロに被われた水際をバシャバシャ走る。なおも深みを目指すと、ゴトゴト騒がしかったタイヤの音が急に静かになった。水底から離陸して、浮上したのだ。クルマから船になった瞬間だ。

1名乗車なので、喫水《きっすい》は想像していたよりも浅い。水中に没しているのは、タイヤの3分の2くらいだろうか。ドアのないキャビンの敷居は、水面からまだ20㎝ほど高いところにあるので、ひとまず安心する。車重は950㎏に達するのに、これだけ浮くとは大したものである。左ハンドルなので、水に浮いたらなるべく真ん中に座るようにと言われたのを思い出し、いろいろやってみたが、僕の体重移動くらいでは左右の傾きにそれほど影響はない。

しかし、スピードは遅い。カタログの最高速でも、陸の45㎞／hに対して、水上で4㎞／hと大差がつくが、31psのダイハツをウナらせたところで、歩くスピードよりずっと遅い。水面を匍匐《ほふく》前進するようなペースである。

同じ理由で、ターンの反応も鈍い。陸上での機敏さとは大違いである。専用の舵をもつわけではなく、左右輪の回転差だけで曲がるのだから、無理もない。180度旋回などしようと思ったら、えらく時間がかかる。エンジン全速でフルに舵をきっても、船首が90度向きを変えるまでに1km前進するという、巨大オイルタンカーを操る船長の気分を勝手に味わう。

とにかく、ミズスマシのようにスイスイというわけにはいかない。水陸両用車とはいえ、水上走行は〝特技〟くらいのレベルだろうかと考えていたら、アクセルペダルをフトゆるめた拍子に、エンジンが止まった。すぐにキーをひねって再スタートを重ねて試みたが、セルモーターは勢いよく回るのに、火が入らない。

動力を失った船舶は、笹舟と同じである。風と波にただ翻弄されるだけの哀れな存在になってしまう。といっても、幸いこの日は風も波もなく、おまけに水溜まりの水深もせいぜい50cmほどだったので、あわてることはなかった。岸を見ると、みんなが腹を抱えて笑っている。水溜まり、ひとりぼっち。これを堀江謙一の『太平洋ひとりぼっち』のモジリと気づく人は、そうとうなトシである。

もう1台のアーゴで救援に来てもらう。エンストの原因は、単なるガス欠だった。

人生の奥義を教わる

アーゴは、市販の水陸両用車としてはおそらく世界で最もポピュラーなクルマである。価格は、280万円のセンタウルに対して、160万円。小河さんによれば、日本に100台あるやなしやだそうだが、もうそんなにあるのかという言い方もできそうだ。

豪快に上陸すると、水を得た魚ならぬ、陸を得たクルマ。水陸両用車は、やはり「車」である。

既納先では、別荘に置いて楽しむような人が多いらしい。カナダ本国版のカタログには、オープンデッキの運転席で釣りをしている写真がある。日本でもそんな使い方ができたら、さぞや痛快だろう。

6輪駆動のアーゴは、ジープ的なルックスのとおり、性格もセンタウルよりだいぶスパルタンである。メーターいっさいなしの運転席には、床から2本のレバーが立ち上がっている。雪上車や戦車など、スキッド・ステアリング方式のカタピラ車では一般的なレバー・コントロールを採用する。

スロットルは、右側レバーのグリップをバイク式にひねる。レバーを左右どちらか手前に引けば、引いた側の車輪にブレーキがかかって、そちらに旋回する。両方を一緒に引けば、制動だ。やってみると、理に適った操作系だから、慣れればむずかしくないし、すぐに慣れる。こちらも遠心クラッチ付きのCVTなので、変速操作は要らない。

2人乗りベンチシートの前方にあるエンジンは、ブ

上：左がクローズドキャビンの８輪トラック、センタウル。右がワイルドなオープン６輪車、アーゴ。
下：アーゴはレバーコントロール。すぐ慣れる。

リッグス＆ストラトンの４８０cc空冷V型2気筒（16ps）。スズキがＯＥＭ供給しているVツインユニットだという。

地上を走り出すと、アーゴはファンカーそのものである。駆動系に油圧機構が介在するセンタウルと違って、こちらはすべてが機械式なので、反応がはるかにダイレクトだ。それが楽しい。そもそも、フロントウィンドウもないフルオープンカーなのだから、ファンカーとしても反則に近い。最高出力はセンタウルの半分だが、車重も３４８kgと軽いため、陸上での動きはさらに機敏だ。

ボディ全長は２４１０㎜。スマートより短い。しかも、第1輪から3輪までのホイールベースはたったの１３１０㎜しかない。ショート・ホイールベースのロング・オーバーハングとあって、低圧タイヤをもってしても、乗り心地は荒っぽい。デコボコ路面ではピッチングに翻弄されて、クルマから投げ出されそうになる。そんなときは、両手で握ったT字型のレバーが、荒馬の手綱《たづな》に見える。

センタウルで多少、慣れたから、こんどは怖じけることもなく水に入る。ボディの下半分は明らかな船底型なので、心理的な安心感も高い。さらに、船と同じオープンデッキ構造も、なにか覚悟というか、あきらめというか、ある種いさぎよい踏ん切りをつけさせる作用がある。キャビン付きのセンタウルは、よりクルマっぽいがゆえに、水上ではむしろ不安を覚えさせた。守らねばならないものがいっぱいあるような気がしたのである。

オンウォーターのカタログ最高速は、こちらも4km／hだが、このクルマでは思いがけず水上走行のコツを会得させてもらう。

右ターンに入るのが遅れて、向こう岸が近づいてきた。右レバーをいっぱいに引き、スロットルを開けても、旋回が間に合わない。このままでは岸にぶつかる。とりあえず、スロットルをゆるめた。すると、ノーズがスーッと右に切れ込んで、無事に曲がりきれたのである。

それまではスロットルを開けすぎて、タイヤが〝無駄がき〟をしていたのだ。水が泡立つほどタイヤを回しても、有効な推進力は発生しない。泡の空気をいくらかいたって、意味がないからだ。水を掴まえてこそ、進むことができるのである。船のスクリューも同じである。

「あー、ぶつかるぅ！」と怖がって、エンジン回転を上げればあげるほど、事態は悪化する。そんなとき、逆に力を抜いて、スロットルを絞ったら、思いもよらず、小さく回り込めて、ことなきを得た。水陸両用車の運転は、人生の奥義に通じるなあと思ったのだった。

モーターグライダーの運転

離陸してから数分、茶色の畑や利根川が眼下に広がったころ、それまで快調に回っていたエンジンが、一瞬、ブルッと胴震いして止まりかけた。「あれっ、おかしいな」と、瀬尾さんもすぐに反応して計器盤に目をやる。

零下に凍てついたこの朝、翼の着氷のためになかなか出発できなかった。そんな伏線があっただけに、異常は気になった。いままで取材で何度も小型機には乗せてもらったが、エンジンがあんな不整脈のような症状をみせたのは初めてである。肩を接するキャプテンに思わず聞く。

「いま、エンジン止まっても、戻れますか」

「あ、大丈夫ですよ」

即座に返ってきた答にホッとする。

一瞬のミスファイアは、結露で燃料系統に水が入ったせいではないかという。滅多に起きないが、起きないこともないそうだ。幸い、50分あまりのフライトで、その後、問題はなかったが、のっけからこの乗り物の真髄に触れることになった。すなわち、不意に止まるかもしれないエンジンと、万一、

利根川上空、エンジンを止める。このまま滑空を楽しんで着陸するもよし、エンジンを再始動して上昇するもよし。

止まっても、あわてずにすむ翼との両方を持っている。それがモーターグライダーである。

〃ほぼ飛行機〃なグライダー

モーターグライダーは、推進装置をもつ飛行機（エアプレーン）と、動力を持たない滑空機（グライダー）との中間に位置する。日本語だと、動力滑空機と訳される。

通産省が発表した国民車構想で、日本のモータリゼーションに火がついたのは50年前のことだが、「国民飛行機構想」のようなものは過去にもなかったし、これからも絶対にないだろう。自家用飛行機が珍しくないアメリカと違って、日本における飛行機といえば、会社が飛ばすものか、もしくは、ほんのひと握りの富裕層のものかのいずれかである。

一方、グライダーは大学航空部のスカイスポーツとして、なかば伝統芸的に存在してきた。そんな状況にあって、モーターグライダーは甚だ地味な乗り物である。飛行機からみると、性能が中途半端だとか、グライダーからみれば、ココロザシが中途半端だとか、そういったこと以前に、そもそも空の世界という分母が小さいので、目立ちようがないのである。

そのモーターグライダーをまるでクルマのように使いこなしているのが、瀬尾央《ひろし》さん（58歳）だ。航空写真家の第一人者にして、大ベテランである。

グライダーは、地上のウインチ（巻上げ機）か、もしくは飛行機による曳航《えいこう》に頼らないと離陸できないが、モーターグライダーは自力で飛び立てる。種別としては滑空機の一種だが、そのなかにもグラ

イダーに近いものから、飛行機に近いものまで、さまざまある。瀬尾さんの愛機は後者。〝ほぼ飛行機〟といってもいいドイツ製のグローブ109Bである。

機首にプロペラが付いているので、素人目にはいわゆる〝軽飛行機〟に見える。ふつうの人なら、「あ、セスナだ」と言うだろう。だが、よく見ると、全長に対してアンバランスなほど翼が長い。ウイングスパン（翼幅）は17・4mもある。グラスファイバーとカーボンファイバーで出来た機体は軽く、乾燥重量は560kgしかない。ちなみに、セスナ172のウイングスパンは10・9m。乾燥重量は1t強だ。高い滑空性能を得るための大きな翼と軽い重量、そして、最大2人乗りのキャビンなどが滑空機であることの条件である。

ノーズに収まるエンジンは、リンバッハ製の2・5ℓ。ベースユニットはVWの水平対向4気筒だ。95psで190km／hの最高速度が可能というから、立派なものである。150psのセスナ172より2割も遅くない。フルパワーで使えば、たしかにほぼ飛行機といえる。

機長、なにするんですか！

茨城県の大利根飛行場。日本でも珍しいモーターグライダーのクラブがあるここが、瀬尾さんのホーム・エアポートである。その上空でしばし体験飛行を味わわせてもらう。

昔の戦闘機のような尾輪式のG109Bは、離着陸や地上滑走がデリケートでむずかしい。地上では蛇行しやすく、機体が上を向いているため、視界も悪い。一般的な前輪式と比べると、離陸滑走中の空気抵抗も大きい。

しかし、そんな話を聞いたのはあとのことで、エンジンの音も高らかに快晴の利根川上空へ舞い上がったG109Bは、たしかにほぼ飛行機だった。

サイド・バイ・サイドの2座キャビンは、横幅がすごく狭い。360cc時代の軽自動車並み、といっても若い人にはわからないだろうが、とにかく気をつけていないと、すぐ隣の機長に肩や腕がぶつかる。「男とはあんまり乗りたくないんだな」と言ってガハハハと笑う瀬尾キャプテンの気持ちもよくわかるが、でも、セスナ172だってキャビンの狭さは似たようなものである。

エレベーター（昇降舵）とエルロン（補助翼）の操作は、グライダーらしく、操舵輪ではなく操縦桿だ。スティックを前／後に動かすと、機首下げ／上げ。左／右に動かすと、機体が左／右に傾く。足もとには左右一対のラダー（方向舵）ペダルがあり、左を踏むと、機首が左を向く。こうした舵の基本操作は飛行機もグライダーも同じである。

操作類で、モーターグライダーにあってグライダーにないものといえば、代表的なものはスロットルレバーだ。あたりまえである。一方、モーターグライダーにあって、飛行機にないものは、ダイブブレーキだ。コクピットのレバーを操作すると、両翼からゴソッと衝立《ついたて》がせり上がる。空気抵抗を増やして、速度と高度を急に減じるためのエアスポイラーである。

十分な高度まで上がったところで、エンジンを止め、滑空に入る。2枚羽根のプロペラが完全に止まると、シューっという風の音が機体を包む。さらに、ピロピロピーロピーロというけったいな音がひときわ耳につく。グライダーならではの〝オーディオバリオ〟だ。機体の上昇と下降を、電子音で常

グライダーにはないエンジン関係の機器類が加わり、コクピットも"ほぼセスナ"。

に教えてくれる。上がると高音、下がると低音になる。

エンジンが止まれば、上昇気流を掴まえない限り、徐々に高度を失ってゆく。だが、そこはさすがグライダーの仲間だから、急に下がってゆく実感はない。競技用純グライダーの滑空比は30を軽く超すが、G109Bも28対1の性能をもつ。100mの高さから滑空すると、2・8km先まで飛んでいける計算だ。

カメラマンを乗せた軽飛行機からのリクエストで、エンジンのオンオフを何度か繰り返す。風は弱く、気流も安定していたため、揺れは少ないが、今日は撮られる側になった瀬尾さんが素早いポジション取りのために急旋回をするので、そうとうコタえる。ほぼ飛行機のつもりで乗っている乗客としては、エンジンの音や振動がパタッとやむのも、正直言ってあまり気持ちいいものではない。

しかし、サービス精神満点のキャプテンは、その後、ひととおり失速(ストール)の実演も披露してくれた。操縦桿で機首を上げたり、パワーを絞って速度を落としたりして、わざと翼の揚力を失わせる。クルマで言えば、意図的なスピンだろうか。失速からの回復操作は、パイロットの腕の見せどころだ。この機体は失速時の挙動がマイルドだという。なるほど、セスナのようにガクンと機首が急激に下を向くようなことはなかった。

そのほか〝押しがけ〟も見せてもらう。機首を突っ込み、風圧でプロペラを回して、止まっていたエンジンをかけるのだ。空中でエンジン停止することに抵抗がないモーターグライダーなればこそ、気軽にできる芸だろう。しかし、強いGがかかって、いよいよキモチわるくなる。

せっかくなので、エンジンをきったままの帰還をお願いすると、ふたつ返事でＯＫが出る。

早速、「エンジンストップ・ランディング」と飛行場に無線で告げ、すぐにエンジンを止めた。高度は６００ｍ。こっちはまだ滑走路がどこにあるのかすらわからない。

ダイブブレーキを使いながら、高度を落としてゆく。やがて、飛行場が9時の位置（左真横）に見えた。高度３９０ｍ。ほどなく１８０度左旋回して、滑走路に正対する。集中は伝わってくるが、あくまで滑らかな操縦だ。気になる揺れもない。尾輪式の機体はバウンドしやすいらしいが、そんな挙動はまったく見せず、スムー

ドイツ製グローブ109B。単発の軽飛行機と比べると、アンバランスなほど長い主翼が動力滑空機の証。

スに着地する。ナイス・ランディング！　名人芸である。

空撮カメラマンの理想的な道具

瀬尾さんにとって、モーターグライダーはまず空撮という仕事の道具である。カメラカーならぬ、カメラプレーンだ。

この取材の少し前にも、石垣島へ行った。朝8時半に大利根飛行場を飛び立って、箱根のカルデラ、柿田川の清流、蛇行する大井川上流、岐阜県の坂下断層、琵琶湖近くの三角州などを撮ったあと、大阪の八尾空港に降りる。ここまで3時間半。昼食をとってから空撮を再開。中国地方を走る山崎断層の上を飛び、溜池を撮りに四国へ回って、その日は福岡空港に降り、宿泊。そんな具合に石垣島を往復する4日間だったという。

G109Bの長所は、まさに飛行機とグライダーのいいとこ取りにあるという。直行すれば大阪まで2時間で飛べる速さを持ちながら、1時間あたり16ℓと燃費がいい。燃料タンクは100ℓ入る。セスナ172は40ℓ／時間である。

しかも、もともと自動車用エンジンだから、高いアブガス（航空燃料）以外に無鉛ハイオクも使える。アブガスは1ℓ210〜230円で、おまけに1ℓあたり26円の税金を別納しなくてはならない。無鉛ハイオクならほぼ半分のコストですむわけだ。大利根飛行場のクラブでG109Bを借りて飛ぶと、1時間2万円。これもセスナ172の半分である。

それでいて、空撮の機動力は滑空機属ならではだ。

「撮影現場ではゆっくり飛んでくれないと困るんだよ。これは翼がデカくて気流が見えるから、山の中にも入っていける。アイドルにして、こっちがいいかな、あっちがいいかなって、あちこち見ながらゆっくり飛べるでしょ。山の斜面ぎりぎりまで翼を寄せるようなこともあるからね。そういう使い道にはすごくいい道具なんだよ。飛行機を使いきることをテーマにすると、ぼくの境遇ではモーターグライダーが一番なんだ」

長距離フライトはコ・パイロットとの二人連れだが、それ以外は仕事でもソロで飛ぶ。そのときは、操縦桿を足で操作しながら、マミヤのシャッターをきるそうだ。

地下30m、この円筒空間の向こうで、いまトンネルが掘られている。掘進速度は1日6~7m。現場の人間に掘り進んでいるリアリティはない。

シールドマシンの運転

首都高速のトンネル工事の現場を訪ねた。

東京都新宿区初台《はつだい》。年がら年中、工事渋滞をしていることで悪名の高い山手通りに、大きな工事用の建屋がある。その「初台発進立坑《たてこう》」の階段をいやというほど下って、地下30mに降りる。そこから、電動トロッコに揺られて走ること約10分、これ以上行けないところがトンネル工事の最前線だった。

しかし、〝運転〟の取材で、なぜそんなところへ出かけたのか。現代のトンネルは、人が運転する機械によって掘られているからだ。それがシールドマシンである。

首都圏のあちこちで行われている地下鉄や道路や大規模共同溝の工事、有名なところでは東京湾アクアラインや、英仏海峡のユーロトンネルなどの建設でも活躍したシールドマシンとは、巨大な掘削機である。その現場に合わせて受注生産される建設機械だから、カタチはさまざまだが、最も一般的なのは、真円の円筒型だ。先端の平面にビットと呼ばれる刃の付いた円盤状のカッターが備わり、それをゆっくりと回転させながら地中を掘り進む。

しかも、掘ったあとから次々に外壁を組み上げてゆく。つまり、シールドマシンが通ったあとには、

IHI

施設や設備の工事を待つだけのトンネルが出来ている。画期的な工法である。

シールドマシンの名のとおり、人間がいる空間は、カッターによる掘削作業の現場とは完全に隔絶されている。掘っている土も、素掘りされた土の表面も人の目に触れることはない。そのため、地中深くを掘り進んでいるというリアリティはまったくないが、だからこそ安全ともいえる。革靴を履いた普段着のままで、こうやって現場の見学に行けるのもシールド工法ならではだ。

ここで掘っているのは、首都高速中央環状新宿線内回り・代々木シールドトンネル。山手通りの地下を渋谷方向に南進して「松見台到達立坑」へ至る約2・7㎞の工区である。

分速2センチの超スローマシン

トロッコを降り、さらに奥へ向かって通路を歩き、階段を昇ってモニター機器の置かれた一角を通り抜けると、そこがもうシールドマシンの内部だった。地上には木枯らしが吹いていたはずだが、この気温は20℃を越す。汗ばむほどである。ヒーターが入っているわけではない。主に機械の発する熱のせいだという。

この現場で使われているIHI製の機械は、直径13・06ｍの泥水《でいすい》式シールドマシンである。重量は2850ｔもある。ジャンボジェット18機分だ。体積のわりに異様に重い物体である。

マシン本体の長さは12・34ｍ。いまいるところは先端のカッターから10ｍほど後方だという。そんな近くで、掘削作業が行われているのかと驚いたが、ちょうどこのときは、カッターを止めて、セグメントと呼ばれる外壁材を組み立てているところだった。

それでも、あたりには機器類の低いウナリが充満し、静かとはいえない。「耳栓着用」と書かれた看板も見える。ICレコーダーのマイク性能を気にしながら、現場を担当する大成建設のエンジニアに話を聞く。

2003年2月に初台の立坑を発進したシールドマシンは、1日6～7mのペースで掘進している。セグメントの幅は1.2mのため、その距離を掘り進んではカッターを止め、外壁を組み立て、終わったらまた掘進するという作業を繰り返している。時間でいうと、1.2m進むのに60～70分、エレクターというアームが活躍するセグメントの組み立ても同じくらい。ワンサイクルで2時間半ほどだ。

直径13mの巨大な電動カッターは、グルグルぶん回るわけではない。およそ3分で1回転というスロースピードで回る。カッターの裏側には、円周方向に44本の油圧ジャッキが取り付けられている。1本100tのパワーを持つ力持ちだ。自分が後ろにつくったトンネルを足場にして、このジャッキを伸ばすのが掘進の推進力になる。

60～70分で1.2mということは、分速にしてせいぜい2cmほどである。中で作業をしていても、マシンが前進している実感はまったくないそうだ。

一方、掘り進む方向を決める、いわばステアリングも、ジャッキが受け持つ。右にターンしたいときは、右側のジャッキの力を抜いて、左側ジャッキにより大きなパワーを出させる。上に行きたいときは、上側に並ぶジャッキを緩めて、下側のジャッキに多くの仕事をさせる。44本のいずれかをこうして操作することで、シールドマシンは三次元のどんな方向にでも進んでいくことができる。

シールドマシンの全景。この巨大な掘削機が進むと、後ろには直径13mのトンネルが出来てゆく。

思わず「最小回転半径は？」と聞いてしまったが、これはなかば愚問だった。シールドマシンは行き当たりばったりに進むわけではない。オペレーターの創意工夫で勝手に進路を決めるわけでもない。ボーリング調査など、事前の入念な準備を経て、あらかじめ決められた図面上の軌跡を辿っていく。その現場に投入されるマシンの小回り性能は、図面からの要請が決定するものである。

計画ラインと実際の軌跡とをチェックするために、1日2回、トンネル内で測量を行う。図面との許容誤差は、大成建設の場合、横方向が＋－3cm。高さ方向が＋－5cm。到達点が近づくと、測量回数の頻度を上げて、さらに精度を上げる。かくして、うっかり地下鉄の駅に出てしまうようなことは起きない。

300Rの右カーブを掘る

シールドマシンの運転室は、さきほど通ったモニター機器のある一室だった。そこはすでにマシン本体の中ではなく、後続台車の上に設けられた施設だ。とくに厳重なトビラで仕切られているわけでもない。運転室の表示すらない。大それたことをやるマシンのオペレーションルームにしては実にあっさりした佇《たたず》まいである。

運転そのものは最低3人いればできる。セグメントの組み立て作業が終わり、「もう押せます」という作業員の報告を受けて、再スタートしたときも、モニターの前に座っていたのは、インカムを付けたオペレーターひとりだけだった。

機器の操作はモニターのタッチパネルで行うため、カッターを再始動するのにもなんら大げさな〝儀式〟はない。いつのまにか運転は再開していた。カッターの駆動音らしきものが加わって、たしかに騒音のボリウムが一段高まりはしたが、耳を聾《ろう》するほどのノイズではない。ジャンボジェット機のエンジンに近い席あたりだろうか。

カラーモニターに油圧ジャッキの操作画面が表示されていた。時計のような丸盤面の円周に、なるほど1から44までの数字が振ってある。この日は300R(半径300m)の右カーブを掘っていたから、右半分のジャッキのいずれかが赤色の「追従」になっていたはずだ。

下：油圧ジャッキの操作モニター。44本のジャッキの"つっぱり力"を調整して、地中の進路を決める。

あとで若いオペレーターに聞くと、どこのジャッキを抜くかは「好みですよ」と答えたのでおかしかった。44本もあると、それくらいの自由度はあるのかもしれない。

首都高速の人にしても、大成建設の人にしても、取材に応えてくれた現場の技術者は、いかにもプロ中のプロだった。何を聞いても、間髪を入れず、わかりやすく答えてくれるので、ありがたかったし、気持ちがよかった。文字どおり、ふだん日の目を見ないところで働いているためか、質問されたり、興味を持たれたりすることに飢えているような感じがしたのは、考えすぎだろうか。いずれにしても、プロの男たちのまさにディープな仕事場である。

モニター画面で掘進速度を見ると、13～15㎜／分を示している。カッターの回転数は0.37rpmと0.38rpmのあいだを往き来している。2660mの地中旅を終えて、松見坂到達坑に着くのは数ヶ月後の予定だ。

ずんぐりした茶筒を横に寝かせたようなシールドマシンの写真を見るたびに、以前から不思議に思っていた。ドリルのくせに、なぜ先が尖っていないのか。答を聞くと、それは力士の突っ張りの要領に思えた。

尖《とが》った円錐状のカッターを使うと、掘り進んでゆく土(地山《じやま》)を崩してしまう。地山を崩壊させずに掘るには、広い平面で均一に押し進みながら、ゆっくりと削ってゆくのがいいのである。

シールドマシンのバルクヘッド(隔壁)から先、つまり、厳しい土水圧にさらされる掘削の最前線を、もちろん目で見ることはできない。カメラも付いていない。だが、もし見えたとしたら、圧送された泥水の中でカッターがゆっくりと回転し、土を削っているはずだ。

ジャッキの推力に加えて、このマシンは泥水を常に循環させて地山に圧力をかけている。削り取られた土砂や岩石は、底部に通る排泥管で泥水もろとも後方へ送られる。

この付近は東京礫層《れきそう》と呼ばれ、大きな石が多い。作業中、直径14センチの排泥管の中を人頭大の石が音を立てて流れていくことがある。そんなときは、さすがに掘削のリアリティを感じるそうである。

左足を出した独特のコーナリングフォーム。競争車もライダーも、生涯、左回り。

オートレース競走車の運転

「音はすれども、姿は見えず」

個人的にオートレースはそういう存在だった。たぶん自動車マスコミ関係者の多くも、同じではなかろうか。

筑波サーキットのパドックにいると、ときおり、バイクのエンジン音が聞こえてくる。本コースからではない。サーキットの敷地内に、オートレース選手養成所のトラックがあるのである。筑波サーキットはオートレースを運営する日本小型自動車振興会の関連団体なのだ。

2006年暮れの有馬記念でクライマックスに達したディープインパクト騒動を思うと、同じ公営ギャンブルのなかでも、オートレースは甚《はなは》だ地味である。場《じょう》の数も、全国に6カ所しかない。しかも、そのうち3つは関東に集中する。地方によっては、音も姿もまったく無縁という存在かもしれない。

しかし、現在もオートレースを志す若者は少なくない。直近の29期入所試験には、合格者40名のところに642名の応募があったという。16倍を超す狭き門である。

そういえば、オートレースがいままで最も世間を賑わせたのは、96年に元SMAPの森且行《かつゆき》（25期）

Arai

がこの世界に転向したときだった。川口オート所属の彼は、２０００年後期に最高ランクのＳ級に昇格し、現在もオートレース場にはおよそ場違いな黄色い声援を受ける人気選手である。

左足には鉄のスリッパ

船橋オートへ行った。オートレース発祥の地だ。埼玉県の川口オートと並ぶ関東近県ファンのメッカである。

この日は前検日《ぜんけんび》だった。翌日からのレースを前に、出場選手が練習走行とバイクの整備をする日である。高層マンションに見下ろされるトラックを、何台かのバイクが爆音をたてながら周回している。わずかにバンクのついたオーバルトラックは、1周５００ｍ。レースでは、ここを8台のバイクで反時計回りに6周～10周して着を競う。

オーバルトラックといっても、内線と外線との間隔、つまりコース幅は30ｍもある。そのため、直線部分では大きく外側にはらんで、次のコーナーをなるべく大きな曲率で曲がろうとする。その結果、広いコースには、オーバルとは違うカタチの、つぶれた菱形の角を丸めたような実戦ラインができる。タイヤ痕によるその黒ずみは〝黒潮〟と呼ばれる。

世界グランプリ系の2輪レースしか知らない人にとって、純国産のオートレースはいちいち驚きの連続である。コースもそうなら、バイクもそう。〝運転〟のフォームもまた独特だ。

ＧＰ系のライダーは、コーナーで内側に倒したバイクの、さらに内側に体を入れる。戦闘的でカッコイイ、いわゆるハングオンだ。しかし、オートレースは違う。強く寝かしたバイクより、ライダーの上体は起きている。そもそも、GP系ライダーのような前傾姿勢はとらない。コーナーでも直線でも、常に上体はかなり立っている。戦闘的というよりも、なにか職人的に見える。

もっとそもそもの話をすれば、カーブではモトクロスのように足を出している。前後タイヤと左足による〝3点コーナリング〟、なんて言葉はないけれど、そんなふうに呼びたくなる旋回フォームである。このために、ライダーは左足に必ず鉄のスリッパを履く。ブーツの底を守るためというよりも、もっと積極的に、接地したときの足の滑りをよくするためだ。ナイターレースだと、派手な火花が観客の興奮を盛り上げる。

寝てあたりまえ

一般のサーキットで言えばパドックにあたる〝ロッカー〟で、内山高秀《たかひで》選手に話を聞いた。地元、千葉県出身の26歳。99年4月登録の26期。S級昇格も間近いA級ライダーだが、取材直前のレースでは優勝していた。船橋オート期待の若手である。

身長164㎝、体重51㎏。どんな鉄火肌のオニイサンかと想像していたら、意外にも華奢《きゃしゃ》な体つきの物静かなナイスガイである。

10カ月の教練が待つ選手養成所の入所資格は、22歳以下。フィジカルには身長175㎝以下、体重60㎏以下と決まっている。オートレース選手に求められる資質は？と内山選手に質問したら、「小柄

選手が手塩にかける競走車。自前なのに、自宅には持ち帰れない。遠征時の運搬も勝手にはできない。

なこと」と答が返ってきた。

　1週間前に結婚したばかりだという。それでも、今日からレースが終わるまでの4日間、オートレース場から一歩も外に出ることは許されない。夜は場内の宿舎に泊まり込みになる。それどころか、携帯電話まで召し上げられて、外部とはいっさい連絡できなくなる。なによりも公明正大であることが求められるギャンブルレーサーの掟《おきて》である。

　彼の愛機〝ロッソネロ〟を見せてもらう。選手が思い思いにつける車名は、厳密に言うと、エンジン名である。オートレースではエンジンとライダーが主役なのだ。

　現在、使われているエンジンは、スズキが専用につくる〝セア〟。スーパー・エンジン・オブ・オートレースの略だ。599cc(新人用は499cc)の並列2気筒である。タイヤもダンロップの専用品だ。機材はワンメイクである。

　その〝競走車〟は、レース機材特有の凄みにあふれている。計器はなにひとつ付いていない。燃料タンクはあるべき位置にあるが、退化したように小さい。レースは長くても5㎞あまりだからだ。

　思わず「コケたの⁉」とツッコミたくなるのは、ハンドルバーである。グリップの末端でいうと、右より左のほうが20㎝以上高い位置にある。左コーナーしかない旋回中に、初めて路面と平行になるハンドルである。

　タイヤは三角タイヤと呼ばれ、断面が三角形に近い。これもコーナリング命《いのち》の設計だ。前述したように、直線部分でもアウトにふくらんで走るため、スタートしたらゴールまで、車体を垂直にすることはない。「寝てあたりまえ」と内山選手は表現したが、ただし、それは車体だけである。自分の体はかなり立った感覚で乗っているという。「いろいろやってみたんですけど、自分も寝ちゃうと、すべりやすいんです」。

　左側のバンク角を可能な限り深くとるためにすべてを設計してあるので、逆に、右側にはあまり傾けられない。そのため、公道は走ろうにも走れない。仮にナンバーを付けられたとして、自宅まで乗って帰れますかと聞くと、「ウーン、左に左に攻めていけば、どうかなあ……」と悩ませてしまったが、そもそも、競輪用自転車と同じく、ブレーキが付いていないのである。レース中、8台が密集するなかで、強いブレーキがかかるのは危険だからだ。制動も停止も、エンジンブレーキが頼りである。ギアはローとトップの2段。ローでスロットルを全閉にすれば、かなり強力に減速がきくという。

ここまで倒すと、ハンドルが水平になる。

運転の基本は〝腰回り〟

オートレースのライディングについて語るとき、必ず出てくる言葉が「腰回り」だ。「腰回りが合っていない」とか、「腰回りがきまらない」といった使い方をする。最初、聞いたとき、コーナーを腰で感じながら回る、ようなことかと思ったら、違った。

車体の右側に短いハンドルバー状のものが水平に突き出している。エンジンブロックにガッチリ固定されたこの棒は〝ヒザ当て〟と呼ばれる。サドルに座ったライダーは、右足をステップに載せ、右ヒザをここに押しつけて、バイクをグリップする。これが盤石《ばんじゃく》でないと、左に傾けた車体をコントロールすることができない。腰回りとは、ヒザ当て、サドル位置、ステップ、この3点のバランスのことを指す。競走車を思いどおりに速く走らせるための基本中の基本である。腰回りとハンドルは、好みの位置や形状に変えていい。

腰回りがきまって、コーナーで車体を傾けられるようになると、右足は自然に出るそうだ。バランスをとるために、いやでも出したくなるという。出さなかったら?「落ち(落車し)ますね」と即答された。

しかし、こういうバイクに養成所で初めて乗ったとき、違和感はなかったのだろうかと訊ねると、意外な答が返ってきた。内山選手はバイク少年ではなかった。原付免許は持っているが、大きなバイクはこれ以外、経験がないのである。

彼の同期にはロードレース世界選手権の125ccクラス・チャンピオンだった青木治親《はるちか》がいる。だが、オートレースの選手でそういうキャリアは稀である。公道を走るバイクにも、むしろ馴染みの薄い人のほうが多いらしい。内山選手がここにいるのは、オートレースの選手になるのが夢だったからだ。3歳のときから、お父さんに連れられて船橋オートへ来ていたのである。

整備のため、エンジンをおろしてあったロッソネロの代わりに、2期後輩の石井大輔選手が愛機を撮影用に貸してくれた。長身でジャニーズ顔の彼も、この世界に入るきっかけは内山選手とまったく同じである。初優勝のとき、だれよりも喜んでくれたのは　お父さんだった。父親の涙を、そのとき生まれて初めて見たという。

ワンメイクレースの皮肉

勝つために最も重要なものはなにか。そう質問すると、いちばん大事なのは、いいエンジン、次にライダーの腕、と内山選手は順位づけした。どんなに腕がよくても、エンジンが悪ければ、勝てないという。

オートレースの機材は、すべて選手の自前である。場が支給するのはガソリンだけ。競走車もウェアも防具(プロテクター)もぜんぶ選手個人の持ち物だ。

なかでも、いちばんお金をかけるのが、エンジンである。いいのと悪いのとでは、「スポーツカーと軽自動車くらい違う」らしい。でも、ワンメイクのはずでは?と疑問がわくが、そこでものを言うのが、選手のもつ〝整備力〟である。

軽量化のために部品を削ったりしてはいけないが、整備や調整は自由である。エンジンをバラして、組むのもいい。うまく丹念に組み上げれば、それだけで成果が出る。

さらに、ワンメイクとはいっても、部品の個体差の問題がある。製造ロットによってもバラつきが出る。わずかな差でも、0・01秒を争う世界では、決定的な差を生む。そのため、結果を求める選手達は、いい部品が手に入るまで、同じ部品を買い続けることになる。内山選手も、部品交換だけでロッソネロに年間、数百万円の投資をする。

なにかワンメイクレースの真理と不条理を象徴するような話である。〝同じ〟ほど〝違う〟ことはないのかもしれない。

しかし、こうした努力を日々、積み重ね、オートレース道を邁進する選手達の駆る競走車は、ことオートレース場において無敵のバイクである。

トップの選手は、コーナーを90㎞／hで回り、直線では150㎞／h以上まで加速する。陸上競技のトラックより100mしか長くないコースでだ。

ファンサービスのイベントで、モトGPマシンや、1000ccを超すモンスターバイクらと勝負したことがある。どれもオートレースの競走車には歯が立たなかったそうだ。

DMV（デュアル・モード・ビークル）の運転

首都圏の私鉄や地下鉄に乗ろうとして、最近、目を疑うことがある。やってきた電車の行く先表示を見たときだ。予想もしない駅名が出ていることがあるからだ。

東武日光線の南栗橋駅で上り電車を待っていたら、滑り込んできたのは、東急電車の中央林間行きだった。南栗橋は、埼玉県でも群馬県境に近いところにある。渡良瀬《わたらせ》遊水池の近くで、グライダーを取材した帰り道に、まさか川崎市の実家近くを走る見慣れたステンレスカーに乗るとは思わなかった。東急と東京メトロと東武が相互乗り入れをして、田園都市線、地下鉄半蔵門線、東武・伊勢崎線、日光線が1本につながった。かくして、こんなミステリートレインのような長距離私鉄電車が走るようになったのである。

本来、鉄道はA地点とB地点のあいだを行ったり来たりするものである。信頼性は高いが、融通はきかない。しかし、ネットワーク化の名のもとに、終点というバリアが取り払われると、俄然、利便性が増す。都市部の道路は、そのネットワークがパンクしかけているが、愚直に行ったり来たりすることを旨としてきた鉄道はまだまだ可能性が大きい。

いま、北海道でレールという バリアすら取り払ってしまおうという計画が実現に向かっている。レールと道路の両方を自由に行き来できる新しい乗り物だ。ＪＲ北海道が開発するＤＭＶ（デュアル・モード・ビークル）である。

マイクロバスでＧＯ！

新千歳空港駅からＪＲで40分、地元の人には札幌駅から下り電車で１つ目といったほうがいいだろうか、苗穂《なえぼ》という駅にやってくる。電車がホームに入る前、ふと左手の車窓に目をやると、構内の外れに見える線路の上を、黄色いマイクロバスが疾走していた。ＤＭＶの存在を知らなかったら、目がテンになっていた。

苗穂駅に隣接したＪＲ北海道・技術開発部（現・技術創造部）で生まれたのがＤＭＶである。車両は２００３年10月に完成し、その後、実用実験を重ねている。認知度を上げるために〝サラマンダー〟という名前もついた。サンショウウオのことである。つまり「両生類」の意だ。

鉄道車両ではなく、26人乗りマイクロバス、日産シビリアンをベースにつくられたＤＭＶは、昔からあったいわゆる「軌陸車」である。ときに応じてレールの上も走れる自動車だ。現行の市販車でも、メルセデスの作業車ウニモグには軌陸シャシーがラインナップされている。ＪＲ北海道でも作業車両として活躍しているそうだ。

だが、ＤＭＶの画期的な点は、最初から旅客輸送の営業運転を目的にしたことである。

駐車場に止まっているとたしかにマイクロバスだが、ボディの前後にはぶつけて腫らしてしまったような出っ張りがある。バスというより、ブスだ。フロントの大きな張り出しの中には、レール走行用の前輪が格納されている。お尻に突き出す箱には、前後鉄輪の出し入れをするのに必要な油圧をつくるロビンの汎用エンジンが収められる。いずれも試験段階の特装仕立てである。

客室には試験データをとるための機器が積まれ、コード類が這う。バスかと思うと、中はすっかり鉄道の試験車両然としているのがおかしい。

DMVを動かすのは、道路でも線路でも、シビリアン標準の4・2ℓディーゼルエンジンである。駆動輪もダブルタイヤの後輪がそのまま使われる。ただし、シビリアンのトレッドより狭い線路上では、後輪内側の一対だけがレールと接触する。

そのほか、前後の鉄輪やブレーキやサスペンションなど、線路走行時のための装備分で車重は乗用車1台分の1・3t増加し、シビリアン改のDMVは5・9tに達する。といっても、鉄道車両と比べれば、これでも桁違いに軽い。一般的なディーゼルカー(キハ40)は約40tある。

鉄輪を出して、レールの上へ

構内でハンドルを握らせてもらう。

オンロードでは、シビリアンである。といっても、ノーマルのシビリアンに乗った経験はないのだが、運転は要するにクルマと同じだ。ただ、揺れると、フロントの重さは実感できる。

レールの上を走っているのに、運転席にはハンドルが付いている。DMVならではの不思議な光景。

そのまま、長さ600mの試験線でレール走行も体験させてもらいたかったが、それは叶《かな》わなかった。線路の上を走るには、鉄道の甲種動力車操縦免許がいるのである。

オンレール走行への切り替えは、モードインターチェンジと呼ばれる場所で行う。といっても、大げさな設備ではない。レールが始まる手前の路面に、三角形のガイドハンプがつくってある。HOゲージの鉄道模型からヒントを得たものだという。

モードインターチェンジで停車すると、いよいよ前後2軸の鉄輪を出す。ブレーキレバーを切り替えて、鉄輪用ディスクブレーキの油圧回路を開く。こうすると、線路上の制動もクルマのフットブレーキがそのまま使える。

次に、運転席右上のパネルにあるスイッチを入れると、前後の鉄輪が自重で下りる。路面に接地したとき、床下でゴンっと音がして振動が伝わる。そのままゆっくり前進し、鉄輪がガイドハンプに沿って進むと、自然に〝載線《さいせん》〟が完了する。

4つの鉄輪がレールに載ったら、走行レバーを「道路走行」から「軌道走行」に切り替える。それまで自重で降りていた鉄輪のアームが油圧で動き、ボディをジャッキアップさせる。と同時に不要なフロントのゴムタイヤが引き込まれる。オンレール走行時、フロントタイヤはレールの上から16㎝浮いている。

以上、書くと長いが、実際はものの30秒とかからない。すべて運転席ででき、乗務員が外に出る必要はない。JR在来線の軌間は1067㎜。そのレールに鉄輪を載せるには、車両と軌道のセンターを誤差10㎜以内に合わせる必要があるという。そのわりには載線もあっけない。メルセデス・ウニモ

REAR HEATER
AUTO COOLER

グの軌陸車だと、5分はかかるそうだ。

レールから道路へ出るのはさらに簡単だ。踏切のような平面交差の場所に停車して、フロントのゴムタイヤを降ろし、前後の鉄輪を引き上げる。あとはハンドルをきって出ていけばいい。枕木の上に載るレールは、通常、高さが15㎝以上ある。この段差をいきなりゴムタイヤで乗り越えるのは難しいから、好き勝手なところでオフレールするわけにはいかない。なんだァ、ザンネンと思ったが、考えてみると、線路から降りたところに道路がなければ、行動の自由は生かせないのである。

試験線の上をしばらく行ったり来たりしてもらう。レールに載ってしまえば、鉄輪のゴトゴト感が伝わる乗り心地は鉄道車両そのものである。

ここでの運転操作は、当然、ペダルとシフトレバーだけになる。ハンドル操作は不要だ。軌道走行モードに変わるとステアリングのタイロッドを固定してしまうので、きっても利かない。「でも、カーブで思わずハンドル回してしまうこと、あるでしょ?」とドライバーに聞くと、ないそうだ。逆に、道路へ戻ってから、ハンドル操作をし忘れることもないらしい。人間の適応能力は高い。

摩擦抵抗の大きいゴムタイヤで駆動するので、加速は一般の鉄道車両よりいいという。車重が軽いため、ブレーキもよくきく。

現在のところ、最高速は70㎞/h。すぐ隣に特急おおぞらの振り子電車が傾いて止まっていたりする試験線を走っていると、実際、かなりのスピード感がある。しかし、これがクルマだと思うと痛快だ。北海道の一般道で70㎞/hを出していたら、すぐ捕まる。

苦肉の策から生まれた夢の鉄道

ＤＭＶ開発のリーダー、佐藤巌さん（51歳）に話を聞く。

チームが働く建物の入口には、「技術開発部次世代車両開発プロジェクト」という看板が出ていた。会議室のような部屋に通されると、中には大きな雑誌のラックがあり、『ＮＡＶＩ』や『ＣＧ』や『ＳＵＰＥＲ　ＣＧ』が置かれていた。玄関口に止まっていた紺のシトロエン・エグザンティアは佐藤さんのマイカーだった。ほかのスタッフにもクルマ好きが多い。

そういう人たちがＤＭＶをつくったのはおもしろいが、開発の経緯は趣味の話とは無縁である。このプロジェクトがスタートしたのは、そもそもが赤字減らしのためだった。ＤＭＶの需要がまず先にあったのではなく、ＤＭＶにする必要があるのである。

ＪＲ北海道管内の電化率は14％に過ぎない。トータル約２５００㎞の営業キロのうち、利用客1日５００人未満のローカル線が3分の1近くを占める。廃止をせずに、どこまで合理化ができるか。その切り札がＤＭＶである。

ＪＲのローカル線を走るワンマンのディーゼルカーは、1両1億円以上する。それがシビリアン級のマイクロバスなら、高くても７００万円ほどだ。ＤＭＶに改造しても１５００〜２１００万円であがる。

燃費は、線路走行時のＤＭＶだと8・5㎞／ℓ。重いディーゼルカーは1・4㎞／ℓしか走らない。

線路上では、後輪ダブルタイヤの内側をレールに接して、駆動する。

そのほか、ディーゼルカーは定期検査費が年間４４０万円もかかるという。さらに、保線や信号や駅といったインフラも金食い虫である。

その点、ＤＭＶなら駅はいらない。車重が軽いので、保線のコストも下がる。信号は、今後、ＧＰＳを利用して簡素化することを考えている。

「要するに、鉄道ができたときの、レールだけの状態に戻れないかという発想なんです。架線も信号も踏切もない、踏切は交差点にあるような信号でもいいじゃないですか。場合によっては、こっちが止まると。鉄道というのは、たくさんの人を一度に運ぶからこそペイするし、環境にもいい。でも、うちのような弱小の会社だと、設備やシステムがオーバークォリティになりすぎている。だから、輸送量に見合った輸送力の乗り物をつくりましょうという発想です」

なるほどと思った。

レールという盤石《ばんじゃく》な軌道から逸脱せず、決められたダイヤに従って運行され、交差する道路をせきとめて疾駆し、クルマとぶつかれば間違いなく勝つ。鉄道は〝権威〟である。自戒を込めて言うが、〝鉄ちゃん〟というのは、実は権威に弱いのである。

その権威を自ら捨てて、より自由に身軽になろうとしているのがＤＭＶである。これは鉄道の解放だと思う。実用化したら、見ても乗っても実におもしろそうである。

踏切内で停車し、前後の鉄輪を格納すれば、再びクルマに。ハンドルをきって道路に戻る。

輸出車積み込みドライバーの運転

スロープを自走して、真新しい日本車が次々と船倉に吸い込まれてゆく。自動車貿易のニュースが流れると、しばしば画面に登場する光景だ。

あの現場がスゴイという話は小耳に挟んでいた。クルマという商品を巨大な貨物船に積み込む仕事である。可能な限り早く、そして可能な限りたくさんの台数を安全に積む。具体的にどうスゴイのか、見に行った先は、愛知県東海市にあるトヨタ自動車・名港《めいこう》センターである。

1台7分足らず

名古屋港の一角にある名港センターは、トヨタ対欧戦略の拠点だ。ヨーロッパに輸出される日本製トヨタ車は、すべてここから送り出される。船が入るのは週に2回。2500台積みの船だと、朝、入港して、その日の夕方には出航する。5000台級の大型船でも、2日目の夕方には出る。

短い停泊中に、気の遠くなるような台数を積み込むのは、トヨタから依頼を受けた港運会社である。

ここで担当するのは5社。見せてもらったのは、〝フジトランスコーポレーション〟の作業である。

岸壁には日本郵船の自動車専用船〝アリオス・リーダー〟が接岸していた。総トン数3万2千トン、といってもピンとこないが、全長180m、全幅32m、12層のデッキをもつブルーの船体は、間近で見ると引力を感じるような大きさだ。

インド人の乗組員にIDのパスポートを提示して船内に入る。エレベーターでまず最上階の甲板に上がり、青天井の高みから、陸側を見下ろして驚いた。埠頭の敷地一面、トヨタ車で埋め尽くされている。これから積むクルマたちが、ノーズをこちらへ向けて整列していた。あらためてこの位置から俯瞰《ふかん》で望むと、その数にタマげる。一瞬、金日成広場に並ぶ兵士の絵が頭に浮かぶ。

この船には2800台を積む。作業は朝から始まり、午前中ですでに800台を消化していた。担当するのは、15人1組からなるチームが5つ。この人員編成で夕方までに2800台を積み終えるのである。早いときは午前中の2時間半で1000台を片づけることもあるという。広い埠頭から12階建ての船内にクルマを運び、固定して完了するまでに、1台7分足らずという早ワザである。

トヨタや日本郵船の社員、船のクルーなど、関係スタッフの案内で、いよいよ〝現場〟を見せてもらう。階下の空《から》デッキへ移動し、待っていると、ほどなくスロープを上って、次々とヴィッツがやってきた。いや、ヨーロッパ仕様だから、ヤリスである。

クルマが現れたとたん、待ち構えていた作業員の吹くホイッスルが薄暗い船倉内に響く。甲高いその音とエンジン音と換気ファンのノイズが錯綜して、あたりはたちまち喧噪に包まれる。

1チーム15名の内訳は次のとおりだ。

サイド・バイ・サイドの間隔は10㎝。名人芸の運転が日本車の輸出を支えている。

●商品車ドライバー　6名
●中付《なかづ》け　2名
●ラッシングマン　5名
●足車《あしぐるま》ドライバー　1名
●ハッチボス　1名

「商品車ドライバー」とは、文字どおり商品であるクルマを運転する係である。6名、つまり6台がいつも1列ひとかたまりで移動して、指定されたデッキで駐車作業を行う。

　その際に、ホイッスルや手の合図で、ドライバーに指示を送るのが「中付け」だ。クルマを所定の場所に積むことを、彼らは〝積み付け〟と呼ぶ。「船の中で積み付ける役」という意味だろうか。

　駐車が終わると、車両をロープで床に固定する。シケなどの際に揺れてクルマが動くのを防ぐためだ。その作業をラッシングといい、5名があたる。クルマが6台なのに、ラッシングマンが5人とは中途半端に思えるが、場合によってドライバーが5名で動くこともある。

　駐車作業が終わった6名の商品車ドライバーは、休む間もなくクルマに乗って再び埠頭のデポに戻る。その連絡車を運転するのが「足車ドライバー」である。この日の足車はイプサムで、船に向かうときは常に商品車の列の最後尾につける。

　こうした作業の全体に目を配り、デッキで指示を出すのが「ハッチボス」である。チームの責任者、現場監督である。

　このような分担や役割の詳細を知ったのは、のちに名港センター内で説明を受けてからだった。デッ

キは騒々しくて、案内のスタッフに十分説明を受けることはできなかった。作業を見るといっても、クルマの周囲はいかにも殺気立っていて、中付けが車両を誘導する様子を間近では見られない。商品車に添乗して、ドライバーの運転ぶりを観察したいとリクエストも出してみたが、許可はおりなかった。なにしろ〝1台7分足らず〟の世界である。メディアの取材などは邪魔以外のなにものでもないのである。

だが、そんな環境でもはっきりわかったのは、デッキの空き地で遠巻きに作業を見ていると、「足の踏み場もなくなる」ように、クルマの置き場がみるみるうちになくなることだった。駐車車両がどんどんこちらへ向かって増えてくる。積み付けの終わったクルマの群れが、あたかも駒落としのスピードで船倉を埋めてゆくのである。

さらに、並んだクルマの、その整列ぶりが驚きだ。各車の隙間は、左右で10㎝、前後で30㎝と決まっている。ヤリスでもランドクルーザーでもトラックでも、この間隔と決められている。

中付けの誘導があったとはいえ、横10㎝の感覚で並ぶ車列は圧巻だ。感動的ですらある。しかも、運転席から降りることを考えて、横づけするのは助手席側サイドなのだ。おまけにドアミラーはすでに畳まれているから、鏡の助けはなかったのである。

64万台中、2台

「ミラーを使うことは最初から勘定に入っていません。ヤードに止めてあるときから、ドアミラーは畳んであるし、クルマによっては外してあるものもありますから。バック付けのときは必ず振り返って後ろを見る。しょっちゅう見ます。といったって、クルマの角《かど》っこは見えんですけど、身を乗り出してなるたけ見ようとする。いつでも顔出せるように、運転席のウィンドウは必ず開けときます。とにかく自分の目で見る。誘導はいるけど、自分が止める気がないのに、急に止まれって言われてもだめでしょ。止めなあかんなって気持ちがあるから、言われたときにすぐ止まれる。誘導マンは補助ですよ」

ドアミラーの話から始まって、ドライバーと中付けとの関係をそう説明してくれたのは、ハッチボスの室舘《むろだて》幸一さん（46歳）である。デッキで黄色い腕章をつけて作業していた大柄な男性だ。勤続27年。ラッシングマンも中付けもドライバーもひととおり経験し、2年前からハッチボスを務める。

各デッキに、どのクルマをどのように積むか、大まかな青写真はストレージプランと呼ばれ、船会社がつくる。しかし、その図面がハッチボスの手に渡るのは、作業開始の直前だという。ひとつの区画に70台入る予定が、実際やってみたら68台しか入らなかったというようなことはしょっちゅうある。そうした〝現場合わせ〟で知恵を絞るのもハッチボスの役目である。

もらった資料には、たしかに「商品車ドライバー」と書いてあったが、運転担当の彼らは現場で単に「ドライバー」と呼ばれている。その技能を考えると、もうちょっと気の利いた、シャレた名前をつけてあげればいいのにと思った。

ドライバーは、車庫入れのようなマニューバリングのうまい人でなければもちろんなれない。とくに検定や試験があるわけではないが、新人を登用するときには、構内作業ですでに経験のある人をべ

船というよりも、港に建つ倉庫かビルに見える自動車運搬船。

テランの見立てで抜擢する。

新米ドライバーは、まず足車の前を走る商品車列の最後尾車でトレーニングを積む。みんなについていけばいい位置だからだ。逆に、ヤード内の交差点などで、周囲に注意を払わなければならない「トップ引き」は最もベテランのドライバーが務める。

この日は2つのデッキを見せてもらったが、ヤリスだけでなく、RAV4やアヴェンシス・ヴァーソ(イプサム)もあった。ドライバーがハンドルを握るのは、もちろんすべて新車である。そのほとんどが左ハンドルで、しかも、日本ではまだ販売されていないクルマの可能性もある。

今日が初めてというクルマだと、仕様書のようなものが渡されることはあるが、とくにメーカー側からなにかレクチャーや指導があるわけではない。最初のプリウスを扱ったときも、世界初のハイブリッド乗用車を事前に交代で試走するようなことはなかったという。なにしろ、1台7分足らずなのだ。商品車にいちいち

ホイッスル、エンジン音、ホーン、タイヤのスキール音。薄暗がりのデッキで作業は黙々と進む。

戸惑ったり、舞い上がったりしているようでは務まらないのである。

1チーム15名といっても、そのうちドライバーは6名。アリオス・リーダーでは、この日、前後2箇所の出入り口を使って5チームが作業にあたった。ドライバーの数は30名だ。それで2800台を搬入した。

室舘さんもドライバーの現役だったころは、いつも1日100台を動かしたという。自動車メーカーのテストドライバーも、ディーラーのセールスマンも、自動車評論家も、およそ足もとに及ばない。世界で最もたくさんのクルマを運転する職業かもしれない。しかもそれは、ときにスパイカメラのターゲットになるような真っさらのニューカーなのだ。

「この仕事やってると、たしかにバックの運転はだれよりもうまくなりますね。3割はバック付けですから。駐車場の奥の穴っぽこや、人が避けるような縦列駐車でも、スッと入れます。スーパーに行ったときなんか、非常に役立ってます」

ハッチボスはそう言って笑った。

2004年、ここ名港センターでは対欧向けのトヨタ車が64万台、船積みされた。そのうち、作業中にぶつけたのは2台だけだった。ウチの奥さんなんか、64日間に2回擦ったっておかしくない。64万台中、2台。気の遠くなるような数字である。

盲導犬の運転

目の不自由な人が、盲導犬を連れて歩いている。〝運転〟しているのはどっちなのだろう。犬が人間を運転しているのか、それとも、人間が犬を運転しているのか。

「盲人を導く犬」と書いて盲導犬なら、イニシアチブは犬のほうにあるように思える。だとすると、犬は果たしてどこまで人間を導き、人間はどこまで犬に導かれているのだろうか。

たとえば、彼らが交差点の信号で止まる。犬は色の判別ができないから、信号は読み取れない。盲人は信号が見えない。最初に止まったのは、どっちなのか。犬が人を止めたのか、人が犬を止めたのか。

目が不自由でない人間は、こういうことすらもよく知らない。そこで訪ねたのが、坂上知恵さんとクワトルである。

盲導犬を使うメリット

約束の日、西武池袋線・石神井《しゃくじい》公園駅前で、ノンフィクションライターの矢貫隆《やぬきたかし》さんと落ち合う。

NAVIやCG誌でお馴染みの矢貫さんは、盲導犬にくわしい。『クイールを育てた訓練士』(文藝春秋)の著書がある。坂上さんたちを紹介してくれたのも彼だった。

駅からほど近いマンションに着くと、しばらくして坂上さんとクワトルがおりてきた。事前に名字しか聞いていなかったサカウエさんは、若い女性だった。ラブラドルレトリーバーは予想どおりだったが、白ではなく黒だった。

クワトルは、坂上さんの2頭目の盲導犬だ。一緒に暮らし始めて2年になる。出身はクイールと同じ関西盲導犬協会である。

歩くのを見せてもらうために、早速、石神井公園へ向かった。

盲導犬の仕事ぶりを間近で見るのは初めてだったが、まずなにより、スピードが速いのでたまげる。駅前から延びる、歩道のない狭い通りを、坂上さんたちはサッサッサッサというペースでどんどん歩く。人より歩くのが速い筆者よりさらに速い。

視力障害者のなかで、盲導犬を使うのは、まだほんのひと握りだ。一般的なのは、白杖《はくじょう》である。それは必ずしも、盲導犬が不足しているということではないらしい。使い慣れた白杖で十分という人もいるし、犬の世話が面倒と積極的に嫌う人もいる。だが、坂上さんたちを見ていると、盲導犬使用の特質が、まずはスピードにあるのがわかった。

石神井公園までの通りには、交差する道がたくさんあったと思う。赤信号で、人と犬、どっちが先に止まるのか、という疑問を解決するには恰好の状況だったはずなのだが、とにかくどんどん行ってしまうので、そんな観察をしている暇はなかった。途中に赤信号の出ている十字路もあったが、親切

坂上知恵さんとクワトル。一緒に歩こうとしたら、ついていけないくらい速い。速いのは、人間なのか、犬なのか。


な編集部トシキ青年が先にそれを伝えてしまう。とにかく、盲導犬って、こんなに速いものかと思った。

「それはふだんから私があまりきっちり止めないからだと思います。交差する路地なんかで、もっとちゃんと止まる犬もいますよ。ステップでも、きちんと止めてくれないと、カラダが反応できないよと言う使用者さんなら、犬もそうなります。私はいいかげんなんですよ、性格が(笑)。もともと歩きに対しては、そんなにうるさくないんです。だって、1日何時間も歩くわけじゃないでしょ。それよりも、ふだんの生活で負担にならない犬であることのほうがずっと大事だと思ってますから」

スピードにびっくりしたという感想を伝えると、坂上さんはそう言った。

「盲導犬は、訓練所出てきて、完成品がずっと続くわけじゃないんだよ。使いやすいように、使用者が勝手に改造するの。犬は基本的に怠惰なほうにいくから、それはしなくていいよと言ったら、しなくなる。だから、いまのクワトルはあくまで彼女にとって使いやすい、坂上さんの盲導犬。これがすべての盲導犬だと思われると困るんだよ」

矢貫さんが付け加えると、当の使用者も「そう、困ります困ります」と言った。

言うことを聞かないと、ひどい目に遭う

いわば〃関西盲導犬協会仕様〃の犬にできるのは、大きく分けて以下の3つだという。

まず、段差で止まること。つまり、階段や歩道など、路面の高低差があると、その手前で止まる。命令語は「ステップ」である。

曲がり角を探して、止まる。交差する路地から、大きな交差点まで、坂上さんはそれを「カーブ」と呼んでいる。初めて行く場所などで、曲がり角を見つけなくてはならないときは「カーブ探して、カーブ探して」と声をかけるそうだ。

そして3つ目は、障害物をよけること。盲導犬の仕事の基本である。

2年間ですっかり坂上仕様になっているクワトルは、素人目にはどんどん歩いていくように見えたが、「障害物をよける」という任務さえ遂行できれば、大きな問題はないわけだ。もしクルマや人が来ていたら、人間が「ウェイト」と言わなくたって、止まるし、よけるからである。

クルマの音や人の流れを感じて、交差点であることは坂上さんにもたいていわかるという。一旦、そこで止まると、彼女が「オッケー、ストレートゴー」と言うまで、クワトルは動かない。たとえ、そう命じても、いま歩き出すと危険と犬が判断すれば、クワトルは進まない。訓練センターでのトレーニングを取材した矢貫さんが言った。

「基本は服従訓練なんだけど、不服従訓練もするんだよ。利口な服従。だから、そういうときはゴーって言っても行かないわけ。よくできてんだわ」

坂上さんが継いだ。

「それで、たまにあるのがホームからの転落事故です。私はまだ落ちたことないですけど、でも、ホームを歩いていて、自分がどこにいるのか、まったくわからなくなることはあります。点字ブロックが敷いてあっても、それがホームのどちら側のものなのかがわからなくなる。そこで間違った命令を出しても、犬は行かないんですけど、いや、そんなはずはないといって、一歩踏み出してしまって落ちる人が多いんです」

犬の言うことを聞かないと、ひどい目に遭う、と坂上さんは思っている。勝手知ったる場所では、「犬を引っ張って歩いているみたいだ」と、人に言われるくらいの彼女も、知らないところへ行けば、犬を先に行かせる。過去にクワトルと歩いていて、転んだのは1回だけだという。

犬はトイレを教えてくれるか

盲導犬の胴体に巻かれたベルトには、ハーネスと呼ばれるアームが取り付けられている。門型をしたアルミのパイプで、握り手のところには革が巻いてある。使用者はそれを左手に持ち、犬の右側を歩く。

ハーネスは取っ手のように見えるが、犬を引っ張ったり、犬に命令を出したりするためのものではない。人間が犬の動きを知るためのものだ。犬側からの出力センサーともいえる。だからこそ、固い素材でできている。「クルマで言えば、ハンドルっていうより、タイヤだね。クルマの挙動を知らせてくれるわけだから。ハーネスで犬を右左に行かせたりするわけじゃないんだ」と矢貫さん。そういう意味で、ハンドルにあたるのは、使用者の発する命令語だという。

クワトルが理解しているのは、「レフト」や「ライト」を始め、具体的な行く先では「ドア」や「ステップ」（階段）や「ゲート」（改札口）など。人によっては、自動改札口を「ゲート」、有人改札口を「カイサツ」と分けて探すようにしつけているというからすごい。

無免許運転のドライバーに戸惑うクワトル。

ちなみに、「トイレ」は無理だという。駅で用を足したくなったときなどに、ひと声で探してくれると便利だろうにと思うが、トイレという場所を犬に認識させるのがむずかしい。ニオイで教え込むのは簡単だろうが、そうしたら、命令したとたん、すぐ前を歩く人の股ぐらへ案内する可能性もある。

石神井公園内の広い場所で盲導犬歩行を初体験させてもらう。

左手でハーネスを持ち、犬の右側に寄り添って、目をつぶったまま歩いてみる。

想像していたとおり、コワイ。なにも見えないからだ。とても坂上さんのようなペースでは歩けない。それでも、クワトルはグイグイ引っ張るような冷酷なことはしない。こちらの内股すり足ペースに合わせてくれる。あの速さはやはり坂上さんが操ってこそなのだ。

階段の付いた太鼓橋にも挑戦する。クワトルは1段目に前足をかけたところで止まるはずだが、たとえそんな動きをしてくれても、こっちがセンシングできないのだからどうしようもない。それよりも、ハーネスを通して明らかにわかったのは、クワトルがとまどっていることだった。どこがわからないのかもわからない子どもに勉強を教えようとしている家庭教師みたいなものか。だが、矢貫さんによると、ちょっと慣れれば、ハーネスの上下動を通して、５㎝ほどの段差でもわかるようになるという。

帰り道、公園外周の歩道で、内緒の実験をした。少し先回りをして待ち伏せし、歩いてくる坂上さんの頭の高さに、バックパックを突き出したのである。クワトルの歩きにはまったく関係のない高さだが、そのまままっすぐ進めば、坂上さんの頭にはぶつかる。そんなに固いものは入れていないから、ちょっと我慢してもらいたい。

と、心を鬼にして試してみやってみると、なんのことはない、クワトルは頭上のバックパック手前でスルリと迂回して、主人を〝善導〟した。あとで聞くと、こういうのを「高さの障害」というそうだ。小型トラックのバックミラーや、荷台から飛び出した長尺物や、曲がった立木なども、盲導犬はちゃんとよけてくれる。白杖歩行では望めない高度なガイドである。

坂上さんはこの日、何度か「犬の目を借りている」という言い方をした。

なんらかの都合で、彼女も犬を置いて白杖で外出することがある。しかし、犬の視力を借りて、〝見えてる歩き〟に慣れてしまうと、白杖

飼い主が座ると、この場所で休むように躾られている。これも仕事中だから、たとえカワイイと思っても、けっして手を出してはいけない。

での歩行はものすごいストレスだという。通い慣れた自宅から駅までのわずかな距離でも、1・5倍の時間がかかってしまうそうだ。

しかし、それほどありがたい目の役目をしてくれる盲導犬でも、どっちが運転しているかと聞かれれば、それは人間のほうだという。

「この犬ならどこへでも連れてってくれると思っていますけど、でも、行く先を知っているのは、人間ですから。だから、犬に連れられているんじゃない。自分が犬を使っているんだという意識はあります。そのかわり、犬がこうなったのも、わたしのせいだっていうふうにも思います。使用者責任ですね(笑)。」

坂上さんはオーストラリアに1年ほど留学していたことがある。そのとき、乗馬を体験した。先頭を行くことはできなかったが、自分で手綱《たづな》を握って、ほかの馬のあとを追った。

手綱を引けば曲がるし、止まる。それなりのスピードも出る。そうやって馬をコントロールするのは、すごく楽しかったという。「なんか、本当に〝運転〟している感じで、犬よりずっとおもしろかった」そうである。

この日のインタビューで、いちばん興味をひかれたのはこの話だった。つまり、盲導犬の運転は、その上にまたがって言うことを聞かせる馬の運転とは違うということ。そして、運転の楽しさは、目が見える見えないということには関係がないのだ、ということである。

駆け込み取材

ＹＳ-11の運転

午後5時過ぎ。暮れなずむ鹿児島空港に戻ってきたＹＳ-11は、神々しく見えた。低気圧の接近による激しい風雨で、この日、鹿児島の発着便は朝からキャンセルが相次いでいた。福岡から帰ってくるＪＡＣ３６５３便も、ひょっとしたら、降りられないかもしれないと言われていたのだ。強風のなか、35分遅れで無事、着陸できたのは、横風に強いという特徴のひとつがモノを言ったのかもしれない。

だが、乗客を載せたＹＳ-11が日本の空を飛ぶのは、泣いても笑ってもあと4ヶ月たらずである。２００６年9月30日、日本エアコミューター（ＪＡＣ）が鹿児島〜福岡間など5路線に飛ばす国内最後のＹＳ-11便がいよいよグランドフィナーレを迎えるからだ。

カラダにいい飛行機

通産省（当時）が中型輸送機の国産化計画を発表したのは、ちょうど50年前の１９５６年5月である。日本のモータリゼーションを一気に加速させた「国民車構想」から1年後のことだった。

2006年9月30日をもって、日本の旅客輸送から完全引退したYS-11。ラストフライトを控えたJAC機に乗りに行ったが、あいにくの悪天候でかなわず。

ＹＳ-11はこの計画から生まれた我が国初の国産旅客機である。エンジンはロールスロイス製が調達されたが、機体の製造は新三菱重工、川崎航空機、富士重工業など、国内メーカー6社が担当した。ちなみに、ＹＳ-11のアルファベット2文字は、基礎設計を行った財団法人「輸送機設計研究協会」からとったものだ。ＮＨＫと同じく、外国の英語国民がどんなにアタマをひねってもわからない英略語である。機種名も純国産というわけだ。

試作第1号機の初飛行は62年8月。旅客機としての運用開始は65年4月。その後、72年12月まで、愛知県にある新三菱重工の小牧工場で合計１８２機が製造された。

ＪＡＣにＹＳ-11が初めて導入されたのは88年だ。同社が抱える離島路線には１２００ｍの短い滑走路が多い。機体のわりに大きな翼とプロペラをもつ、離着陸性能にすぐれた中型ターボプロップ機というスペックが買われ、90年には12機を数えた。しかし、現在は3機を残すだけである。

鹿児島空港の14番スポットで対面した〝ＪＡ８７６６〟の製造番号は２１４２。70年4月にロールオフした機体である。3機の内、いちばん古い(69年2月製)ＪＡ８７１７は、37年間で総飛行時間7万時間以上、フライトサイクル(飛行回数)7万１０００回以上という世界一の記録をもっている。

全長26・3ｍ、全幅32ｍ、全高8・98ｍ、といってもピンとこないが、64人乗りの機体は、こうして地上から見上げてもそう大きくは感じない。あらためて観察すると、ノーズまわりの印象が、初代新幹線の0系によく似ている。というか、64年にデビューした0系が、当時の旅客機デザインを参考にしたということだろう。

両翼に1基ずつ備わるターボプロップエンジンは、離昇出力２７７５psのロールスロイス・ダート

10。最大離陸重量25tの機体を444km／hで巡航させる。YS-11の後継機としてJACがすでに8機を就航させている新鋭中型ターボプロップ機、ダッシュ8と比べると、性能的に見るべきものはないが、40年間のキャリアが積み上げた信頼性では、まったくひけをとらないという。

運航整備グループ・マネジャー、井上淳二さん(43歳)の案内で、機内を見せてもらう。覗き込むようにして首を突っ込んだ操縦席は、狭く、そしてグレーだった。印象がグレーである。正面のパネルには、目が回るほどたくさんの計器が並び、操縦席と副操縦席の間には、レバーの森がある。操縦桿の武骨な支柱が何かに似ているゾと思ったら、都内の路肩に立つパーキングメーターだった。

フライ・バイ・ワイヤの現代機と違って、操縦系統はすべてアナログで、しかもノンパワーである。フラップだけは油圧作動だが、方向舵も昇降舵もエルロン(補助翼)も、いっさいのアシストなしだ。パイロットの人力だけがケーブルやリンクを介して舵を動かすのである。

今年、定年を迎えるベテランパイロットは、YS-11を評して「体にいい飛行機」と表現している。体と五感をフルに使って飛ばす。おそらくそれは古いクルマの魅力と同じだろう。

コンピューターは、地上に異常接近したときに警報を出すGPWCという装置に使われているだけだという。その一方、燃料残量を測るセンサーには、信号を増幅するアンプ用に真空管が使われている。

通路を隔てて、左右2列ずつ並んだシートは、座ってみると、それほど狭くない。幅もピッチも、東京から乗ってきたボーイング777と変わらなく感じた。ただ、頭上の物入れはえらく低い位置にある。しかも、フタのない、単なる荷物棚である。

さらに、乗客の目線でいちばん〝時代〟を感じたのは、あちこちにある注意書きの表現だった。とく

アナログメーターとアナログ装置に埋め尽くされたコクピット。

におかしかったのはトイレの便器のフタに記されたイラスト入りの説明文だ。原文のまま紹介する。
『便器の使い方。男子小用＝便座を上げ、陶器面を出して御使用願います。大便及び女子小用＝蓋を手で上げて、後ろ向きに腰を掛けて御使用下さい』
古くは1965年から飛んでいた旅客機である。おそらく当時とびきりハイカラだった空の客とはいえ、西洋便所の使い方を心得ない人も多かったのだろう。
YS-11のトイレに水は流れない。モノが落ちる穴にフラップ型のフタもなければ、ましてやエアで吸引するわけでもない。タンク内に消臭剤は入れてあるが、構造は単なるボットン便所である。

YS-11は名機か

87年12月に入社した井上さんは、YS-11導入による整備部門拡充の求人に応えてこの職場を選んだ。まさにJACのYS-11とともに歩んできた人である。

手入れの行き届いた客室。頭上の荷物棚にはフタが付いていない。トイレはボットン便所である。

その後、導入された外国産機、サーブ340Bやダッシュ8の面倒もみるが、YS‐11はとくに愛着が深いという。

そのベテラン整備士にズバリ聞いた。

YS‐11は、名機ですか。

「ンー、名機……、ていうか、ベーシックですよね。すべてが機械的に動くので、整備する上ではシンプルで非常にわかりやすい。ニューマチック(エア)系にしても、電気回路にしても、ほとんど目で追えるんです。だから、理屈をベーシックに勉強していける機体ですよね。ほかのエアラインにもYS‐11をベースに育った整備士はたくさんいるんじゃないですか。そういう基礎があれば、コンピューターだらけの新型機もわかりやすい。ウチにもサーブから入った若い整備士がいますけど、こういう古い機体の経験がないと、ちょっとかわいそうですね」

とはいうものの、すべてがメカニカルにできているがゆえに、整備に手間はかかるという。

コンピュータライズされた機体なら、トラブルがあっても、オンボード・コンピューターが自己診断してくれる。エンジンを交換しても、スロットルは電子制御だから、調整はほとんどボタンひとつでキマる。その点、YS-11だと、いちいちケーブルやリンケージを細かくアジャストしていかなくてはならない。「そこにおもしろみがあるんですけどね」という言葉も、やはり古い自動車を好んでイジる人と同じである。

すっかり暗くなった外には、相変わらず強い風が吹いていた。取材チームとJACのスタッフ、合わせて5人しか乗っていない機体は、ときおりグラグラと揺れた。翼に風を受けた飛行機は、たとえ地上にいても飛びたくてウズウズし始めるのだ。

この風のおかげで、鹿児島〜福岡間をJA8766で一往復する体験試乗の予定はオジャンになった。YS-11便はなんとか飛んだのだが、ぼくらの乗った羽田からのボーイング777が、鹿児島空港に降りられなかったのだ。真っ白い霧でなんにも見えないなか、着陸するのかと思ったら、突然、急角度で機首が上がり、グーッとGがかかってエンジン音が高まった。生まれて始めて経験するゴーアラウンド(着陸復航)だった。B777はそのまま福岡空港へ逃げ、給油してから再び鹿児島へ向かった。結局、この日、ここへ着くまで5時間半かかった。

飛んでいるJA8766には乗れなかったが、昔、家族旅行で八丈島便のYS-11には搭乗したことがある。エンジン音がうるさくて、やっぱり古いんだなあと思ったあのときが、もう15年以上前である。

現代の旅客機は20年が目安というのに、YS-11は40年も飛んできた。初代カローラのタクシーが、いまも現役で走っているようなものである。

2007年から、日本の空を飛ぶ旅客機にはニアミスを防ぐTCAS（航空機衝突防止装置）の装備が義務づけられる。JACがYS‐11の運航をやめるのは、直接的にはそのためである。後付けで備えるには、1機1億円かかるという。しかし、この問題がなく、パーツの補給体制も保証されるなら、YS‐11はまだまだ飛べると井上さんは断言した。

長寿の理由を聞くと、「余裕」という言葉が返ってきた。

「まあ、ハシリですからね。初めてつくる機体ということで、外板にしても何にしても、余裕をもって、必要以上に頑丈につくったんじゃないでしょうか」

古い飛行機だが、その古さゆえにここまで長生きしてこれたということか。

さらにもうひとつ、異例のロングライフは、あとに続くものが現れなかったためでもある。主にコストの壁に阻まれて、YS‐11以降、国産の旅客機はつくられていない。

「国民車構想」から生まれたスバル360を振り出しに、その後、軽自動車がどんな進化を遂げたか。0系で始まった新幹線が、カタチひとつとっても、いまどうなっているのか。ほかのメイド・イン・ジャパンに思いを馳せると、初代国産旅客機YS‐11の〝次〟をぜひ見てみたかったと思う。

屋内競技場の空中にフワリと浮き上がった夢のヘリコプター。もはや夢ではない。だれでも買える市販品だ。

ひとり乗りヘリコプターの運転

どらえもんのタケコプターがついに実用化された。長野県松本市のゲン・コーポレーションがつくる、ひとり乗りヘリコプターである。

「ひとり乗りヘリ」と聞くと、たいていの人は、ヘリコプターをそのまま小さくしたものだと想像する。だが、〝GEN H-4〟には、グラスキャノピーのコクピットも、テールローターもない。資材置き場などに置かれていたら、ヘリの仲間と気づかれることさえないかもしれない。まさかこんなもので人が飛べるとは思えない。そういう意味ではまさにタケコプターである。

4本の脚に支えられたシートに座ると、胸の前にくるのが操作パネルだ。その左右にウレタンのグリップを巻いたレバーが突き出す。全身剥き出しのパイロットは、スロットルも舵も、すべてここで操作する。

頭上には4基のエンジンで駆動されるローターがある。回転径4mのローターは、上下に2段あり、等速で互いに逆回転（カウンターローテーション）する。そのため、一般のヘリのようなテールローター（ローターの反作用によって機体が回転するのを止める縦羽根）を必要としない。

さらに、ブレードのピッチ(仰角《ぎょうかく》)も変えられない。竹とんぼの羽根と同じである。そのため、加速/減速、垂直上昇/下降は、もっぱらエンジンパワーの増減だけで行う。しかし、カウンターローテーションと固定ピッチの二点が、構造と操縦の単純化を実現した大きなポイントといえる。地上からローター上部までの全高は、約2・5m。乾燥重量は75kgに収まる。

GEN H-4はすでに国内で2機、アメリカで2機、販売されている。キットフォームのみの販売で、価格は400万円(消費税別)。もちろん、世界一手軽で安いヘリコプターである。取材に行ったのも、商談会を兼ねたデモフライトの会場だった。

空中停止も自由自在

松本市郊外にあるやまびこホールには、この日、30人ほどの見学者が集まった。すべてが購入希望者とは思えなかったが、一番乗りで富山から駆けつけた夫婦は、ほとんど買うことを決意しているようで、飛ぶ前からメーカー関係者にホットな質問をぶつけている。庭で楽しむのだという。

やまびこホールはドーム型の屋根をもつ人工芝の屋内競技場である。ここでテストフライトを行うのは、風の影響を避けるためだ。GEN H-4は自製の空冷125cc2ストローク水平対向2気筒エンジン(10ps)を4基搭載する。体重90kgまでの人間を浮上させるには十分だが、風には弱い。ふだんのテスト飛行は屋外でやるが、風があると飛ばない。

日本では前例のないこの超軽量単座回転翼機は、「自作航空機」に分類されている。ウルトラライトプレーンなどもこの仲間である。GEN H-4がキットフォームで売られるのはそのためで、自作して構造に精通した人が、テスト飛行のために飛ばすという考え方である。免許はいらないが、機体にもパイロットにも、そして飛ばす場所にも航空局の許可がいる。飛行高度もいまのところ3m以内に抑えている。A地点からB地点へ、気軽にクロスカントリー飛行をするような段階には、残念ながらまだ至っていない。

しかし、屋内のデモフライトで見せた実力には目を見張った。

広い人工芝グラウンドの真ん中に置かれたGEN H-4に、パイロットが乗り込む。介添えのスタッフはいない。ひとりで4点式ベルトを装着し、エンジンをスタートさせる。空冷2スト・エンジンの四重唱が高まり、アルミの脚が離れ、パイロットの足が伸びると、機体はあっけなくフワリと浮き上がった。

まずは地上1mくらいでたしかめるようにホバリング(空中停止)する。90度クルリと向きを変え、真横を見せながら前進する。徐々に高度を上げて、2階観客席とほぼ同じ高さ数メートルのところまで上昇し、水平と垂直の動きを披露する。

背筋を伸ばし、両手で操作レバーを握るパイロットはほとんど動かない。アクロバチックな速い飛び方もしない。動線は横にも縦にもあくまで直線的で、移動速度も歩くようなスピードだ。ローターで吊られたように見えるパイロットは、空中にいつもまっすぐ座っている。離れた観客席から見ていると、ちょうどスキーリフトに人がじっと乗っている感じである。正直言って、こんなに安定して飛ぶとは思っていなかった。まったく安心して見ていられる。ウィーンというエンジン音は静かではな

等速で互いに逆回転する上下２枚羽根の単座ヘリ。竹とんぼのようにシンプルなデザインである。

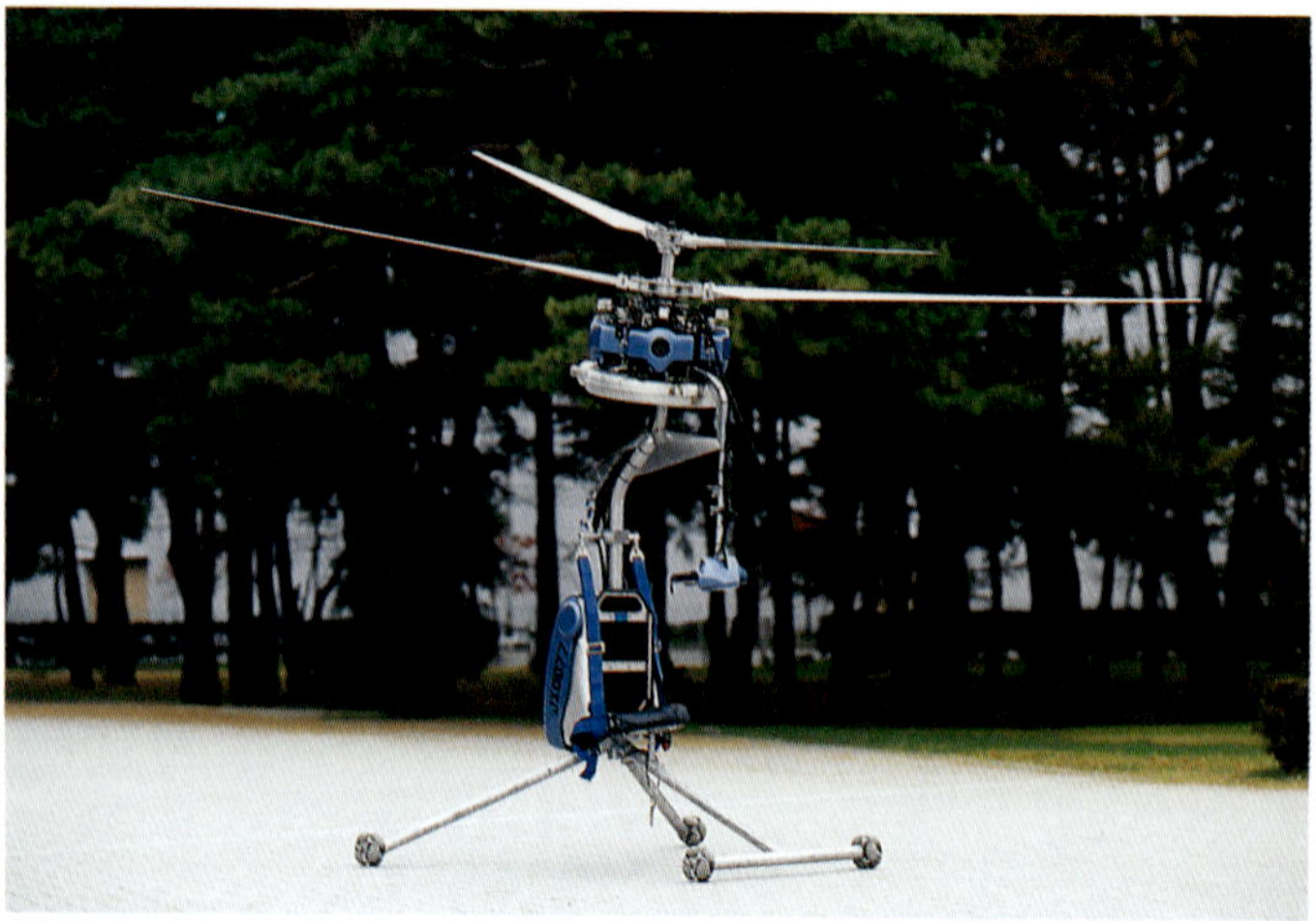

いが、ホールの閉鎖空間でもこの程度なら、ヘリコプターとしては立派である。

着陸は離陸の逆で、まず人間の足が着いてから、機体の脚が接地する。ランディングも危なげない。５分あまりのフライトが終わり、エンジンが止まると、期せずして拍手が沸き起こった。

３時間でだれでも飛べる

シートに座ってベルトを締め、遠心クラッチでローターと繋がれた４つのエンジンをひとつずつかけてゆく。スタートは操作パネルのボタンを押すだけだ。

右グリップの付け根にあるスロットルレバーを親指で押すと、エンジン回転が上がる。４ケタのデジタルタコメーターが６６００rpmあたりになると、機体が浮き始め、パイロットが足だけで立てる。６８００rpmを超すと、完全に浮上する。スロットルを戻せば降下。一定に保てばホバリングする。

操作レバーは、アルミパイプのロッドで頭上のローター／エンジン・ユニットに繋がっている。ローターの回転面を傾けることで、前後左右、３６０度にわたって舵がとれるのは一般のヘリコプターと同じである。レバーを手前に引くと前進、押すと後進、左に傾けると右に進む。

「回れ右」のように、その場でターンしたいときは、操作パネル左手にあるヨー操作ボタンを右か左、回りたい方向に押す。ふたつのローターのあいだにあるデファレンシャルギア全体がモーターでわずかに回転し、上下どちらかのローターが増速したことになる。カウンターローテーション方式でも、風などの影響によって、機体が回されることがある。自分が回っていると、操縦はむずかしくなる。

〝正面を保つ〟ためにも、常に使うのがヨー操作ボタンである。このヨーコントロール機構をローター／エンジン・ユニットにコンパクトに収めたのが、ＧＥＮ Ｈ-４の自慢のひとつでもある。

以上が〝運転〟のあらましだが、ヘルメット持参で出かけたのに、さすがにいきなり操縦させてもらうわけにはいかなかった。飛ばすには役所の許可がいるのだから当然だ。

だが、この日、パイロットを務めた開発スタッフの横山保俊さんによると、だれでも３

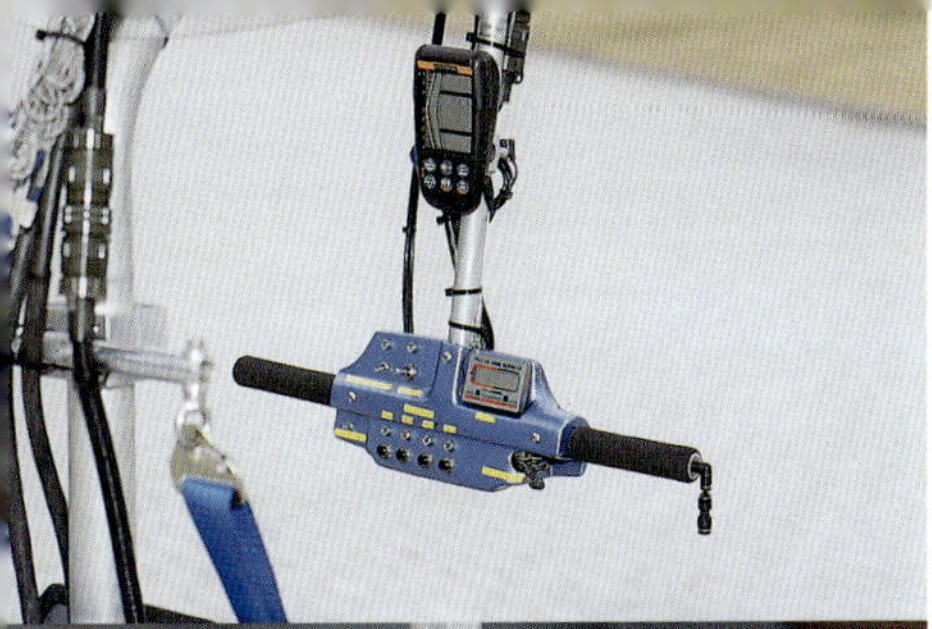

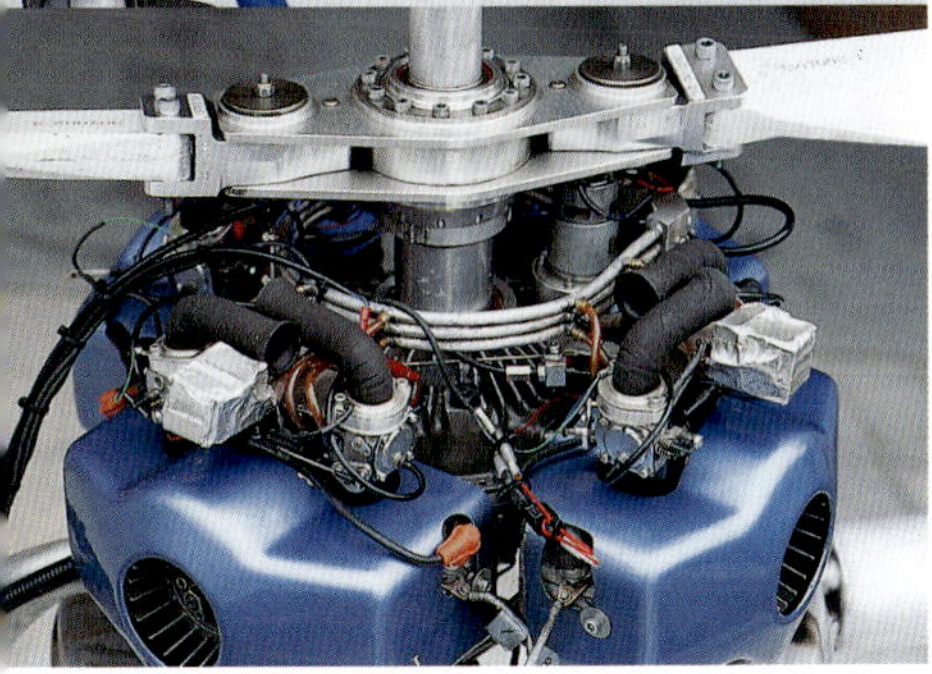

上：ローター／エンジン・ユニットに繋がる操作レバー。体験飛行のお許しは出なかった。
下：４基の125cc2ストロークエンジンで飛ぶ。

時間練習すれば飛べるという。ハングライダーのように空中の体重移動で飛ばす乗り物を経験している人だと、さらに上達は早いそうだ。

最初の訓練は、ローターを回し、機体を軽くして、両足を地面に着けたままでやる。その状態でレバーによる舵のきき、スロットルやヨーコントロールの反応などに習熟する。その際、なにかの拍子で機体がバランスを崩しかけたら、足で踏ん張って立て直すのではなく、機械の操作で修正する。

広報担当の坂巻たみさんは、その段階を経て、最近、単独飛行を始めたところだという。「かなりニブイほう」と自認する彼女が言った。

「まだバランス取るのに必死ですね。ヨー操作ボタンがうまく使えないんです。風で流されて、向きが変わってきたときに、ここでヨーを一発打てばラクなんだろうなあというのはわかるんですけど、それやると、右手のスロットルが戻っちゃったりして……。

コワイか？　いや、でも、気持ちいいですよ。いつも練習しているところは、近くにトウモロコシ畑があるんですけど、浮くと、畑がだんだん面になって見えてくるんです。ああ、飛ぶというのは、目線が変わることなんだなあと気づいて。おもしろいです」

72歳の柳沢源内社長率いるゲン・コーポレーションは、もともとチェーンソーなどに使う小型エンジンのメーカーだった。小さくて軽いエンジンを利用して、何ができるかと考えているときに浮かんだのが、ひとり乗りヘリコプターだった。開発は１９９０年に始まり、95年にはアメリカの航空ショーにプロトタイプを出品している。

１２５ccエンジンは、マフラーを除いた本体重量がわずか2・7kgしかない。４発のうち、３基回っていれば、浮上が可能だという。

固定ピッチのため、一般のヘリコプターのようなオートローテーションはできない。エンジンが停止しても、下から上へ抜ける風の力でローターを回し、最後にピッチ調節をして安全に着陸する機能だ。書けば簡単だが、実際、その手順をまっとうするにはパイロットに高度な技術が求められる。ヘリコプター操縦免許を取る際に、立ちはだかる大きな壁でもある。

しかし、すでに10年以上飛んでいて、このヘリはまだ一度も上から落ちたことがないという。前述のとおり、エンジンが1基止まっても、安全に軟着陸できる。ぜんぶ止まったら、落ちる。オートローテーションもできない。しかしだからこそ、単純な構造と簡単な操作で、宙に浮くことができるのである。

デモフライトを見ていると、たった3mしか上がらない、いまの飛び方でも十分楽しそうに思えた。万々が一、墜落しても、骨を折るくらいの高さで楽しむのがよさそうだ。

3000万円のフェラーリを買ったって、人間は1cmだって浮いていることができない。地面に近いほうが、かえって飛ぶ優越感が味わえるような気がする。旅客機の窓から見た時速800キロより、道路を走るクルマの80キロのほうがスピード感に富む。熱気球だって、超低空飛行がいちばんおもしろいのである。

たった数分前に乗り始めた筆者でも、ご覧の通りの収穫ぶり。農業における機械化のありがたさよ。

稲刈り機の運転

「トラコンタ」という言葉を御存知だろうか。トラクション・コントロールの略ではない。トラクター、コンバイン、そして田植機。稲作に使う三大農機具のことである。

そのうち、コンバインの運転について教わることにした。

コンバインとは、稲刈り機のこと。ちょうどシーズンたけなわだ。取材に応えてくれたのは、「ヤン坊、マー坊の天気予報」でおなじみのヤンマー㈱である。

農機具名として聞き覚えのあるコンバインとは、言葉本来は「まとめる」とか「くっつける」とかいった意味だろう。それが稲刈り機を指すとはこれいかに、と不思議に思った。

稲刈り機といっても、コンバインと呼ばれるような大がかりな機械は、稲を刈るだけの単能ではない。刈り取って、脱穀して、モミだけを選別して収穫する。残った稲ワラは裁断し、肥やしとして田んぼに戻す。こうした複合的な機能を持つことから、コンバインの名がある。正式な英語名は〝コンバインド・ハーベスター〟。「多能収穫機」である。

そんなレクチャーを滋賀県米原市にあるヤンマー中央研究所で受けてから、向かった先はクルマで

YANMAR

40分、琵琶湖の北側にある田んぼだった。

自動車メーカーにテストコースがあるように、農機具メーカーも製品開発や試験には〝テスト田畑〟がいる。コンバインの場合、ヤンマーでは農家に協力を仰ぎ、〝タダで刈り取らせてもらう〟という方法でテストの機会を得ている。そのためには、北は北海道から南は沖縄県の石垣島まで行く。日本で刈り取りができない時期だと、南半球まで遠征することもあるという。

この日も、琵琶湖畔に広がる稲作地帯の一角で開発部隊が刈り取りを行っていた。ちなみに、コンバインが活躍する現場のことを、この業界では「圃場《ほじょう》」と呼ぶ。「田圃《たんぼ》」なんていう、曖昧かつ牧歌的な言い方はしないのである。

運転といっても、研究所の敷地内でちょっと動かせるだけかと思ったら、その圃場へ行けば、実際に稲刈りも体験できるという。フィオラノのテストコースでフェラーリに乗れるようなものではないか。「エーッ、本当に刈らせてもらえるんですか！」。カットモデルをつかまえた美容師見習いのように驚喜したのは言うまでもない。

かるくポルシェ911が買える

一町歩(100m×100m)ほどの田んぼ、じゃなくって圃場で初めて見たヤンマー・コンバインは、想像よりはるかに大きかった。それもそのはず、〝アスリートプロGC695〟は国産最大級のコンバインである。

ゴムクローラの走行装置に支えられた機体(と呼ぶ)は、全長4・7m、全幅2・09m。ここまではなんとかクルマのサイズだが、キャビン天井までの全高は2・75mに達する。車重は3950kg。ほぼ4tある。公道を走るときには大型特殊免許がいる。

フロントに恐ろしげな刈取部がある。背中にしょった長いパイプは、モミを排出する〝オーガ〟だ。カッコはまごうかたなき作業機械である。

〝695〟とは、6条刈りの95psを表す。通常、30cm間隔で植えられた稲を6列まとめて刈り取ることができる。刈れる条数が大きければ大きいほど作業能率は上がるが、刈取部の幅が広がりすぎると、トラックに積めなくなってしまう。6条刈りが最大級なのは主にそのためだという。

前段でフェラーリのたとえを出したのは、あながち冗談ではない。この最高級ヤンマー・コンバインは、なんと1176万円もする。フェラーリとは言わないまでも、ポルシェ911プライスである。アイドリングで低く唸《うな》るアスリートプロに乗り込む。キャビン後方にマウントされるエンジンは、ヤンマーの3・3ℓ4気筒直噴ディーゼルターボだ。

2段のステップに足をかけてキャビンに入ると、中は単座席のひとり乗りである。ほとんど全面ガラス張りのようなつくりなのに、涼しいのでビックリした。外は31℃あったが、室内はエアコンが効いている。オーディオも標準装備だ。

ヤンマー農機㈱開発本部の主幹技師、桐畑俊紀さん(42歳)に簡単なコクピットドリルを受ける。アスリートプロのチーフエンジニアは、ちょっと若くてふくよかな中嶋悟という感じだった。

クローラなのに、操向装置はレバーではなく、丸ハンドルである。これはヤンマーだけの特徴だそ

エアコン完備の密閉キャビン。それでも、作業中はかなりやかましい。

うだ。ロック・トゥ・ロック135度。丸ハンドルなのに、半回転もしない。走行中、直進位置から90度きると、きった側のクローラがゼロ回転になり、それ以上きると、逆回転する。その場ターンも可能だ。

ダッシュパネルにはけっこう賑やかにボタンやツマミが並んでいるが、かなり大きな字ですべてのスイッチに名前がついている(もちろん日本語)ので、むずかしそうには見えない。エンジンをかけると、ハンドル中央部の液晶ディスプレイにまずヤン坊とマー坊が現れる。

3分弱で4年分を収穫する

コンバインでの稲刈りは、最初に田んぼの周囲を刈る。それから反時計回りに動きながら、両端を刈ってゆくのが一般的だという。キャビンは機体の右端についている。左回りに刈れば、刈り残した条の端っこに、いつも刈取部の右端を合わせることができる。これを

「条合わせ」という。右ハンドルになっているのはそのためだ。

収穫の終わった柔らかい地面の上をまずはゆっくり移動する。アクセルにあたるのが、左側にある〝オールマイティ・シフトレバー〟。これをニュートラルから前に倒せば前進、後ろへ引けば後進。レバーは動かした位置で止まる。床にはセーフティペダルと呼ばれるブレーキもついているが、通常の制動・停止はこのレバーをニュートラルに戻せばこと足りる。

レバーを前に倒して、あとはハンドルの直進をキープするだけだから、なにもむずかしいことはない。歩くくらいのスピードで圃場を半周する。途中、急加速したり、その場ターンしたり、と思った

車体左側から見ると、刈り取られた稲の“その後”がわかる。背中にしょった長いパイプは、収穫したモミを排出する“オーガ”。

が、なにしろ、ヤンマーが借りているヒトサマの大切な田んぼである。しかも、お目付役の桐畑さんがステップに足をかけて、キャビンの外側に掴まっているので、無茶はできない。

半周し終えて、稲の列に正対し、条合わせをする。といっても、指示どおりにハンドルやレバーを動かしただけである。続いて、刈取機のクラッチレバーを入れる。足元から大きな音がして、刈取機が回り始める。さらに、オールマイティ・シフトレバーに付く刈取部昇降スイッチで高さを微調整する。そして、いよいよ稲刈りを開始する。

刈り残しを出さないためには、刈取機右端の尖《とが》ったデバイダーが、常に条の外側にくるように注意しなければならない。ヤンマーの人は早歩きくらいのスピードで刈り取っていたが、こっちは匍匐《ほふく》前進ペースである。液晶モニターの速度計は秒速1・1m前後を示している。

2日前に来た台風の影響もあって、稲はかなり倒れていた。「倒伏《とうふく》」という状態だ。「実るほど、こうべを垂れる稲穂かな」という言葉もあるとおり、収穫直前の稲は倒れやすい。品種によっても、倒れやすいものと、そうでないものがある。

倒伏していると、コンバインの運転はむずかしくなる。倒れた稲でデバイダーが見えなくなるため、直進に自信が持てなくなるのだ。進路がずれたら、ハンドルを回すのではなく、リムに付いている〝フィットステアリング〟のスイッチを左右に動かす。ビクンという動きで敏感な微舵が利く。

しかしそれにしても、スローペースとはいえ、こうやっているだけで、ズブの素人でもモミが収穫できてしまうのだから驚きである。

容積1950ℓのグレンタンクには1反(10アール)分のモミが入る。米俵で10俵だ。プロのオペレー

ヤンマー・コンバインGC695

機体寸法	全長　4700mm 全幅　2090mm 全高　2750mm 重量　3950kg
エンジン	種類：4気筒立形ディーゼル・ターボ 総排気量：3318cc 出力：95ps ／ 2400rpm 燃料タンク容量：100ℓ●1
走行部	クローラ幅×接地長：550 × 1755 ～ 1975mm●2 変速方式：油圧サーボ付ＨＳＴ無段変速ＦＤＳ
刈取部	刈取条数：6 デバイダ先端間隔：1980mm 刈取装置形式：対向駆動方式 刃幅：1980mm 刈高さ範囲：50 ～ 150mm
脱穀・選別部	脱穀方式：下こぎ軸流式 こぎ胴（径×幅）：420 × 1110mm●3 回転速度：510rpm 処理胴（径×幅）：140 × 960mm 回転速度：1740rpm ２番処理胴（径×幅）：190 × 230mm 回転速度：1530rpm 揺動選別板（幅×長さ）：670 × 1740mm●4
穀粒処理部	穀粒処理方式：グレンタンク・オーガ排出方式●5 タンク容量：1950ℓ オーガ有効長：4500mm
廃わら処理装置	マルチディスクカッター
適応作物全長	550 × 1300mm
倒伏適応性	向刈り 70 度／追刈り 85 度以下●6
作業能率（計算値）	6～9分／10a
運転免許	大型特殊
価格	1176 万円

●1：フルに作業して、約8時間で100ℓを消費するという。
●2：転輪の角度を変えることによって、クローラの接地長を最大22cm延長できる。湿田など、よりトラクションのほしい圃場で有効。
●3：突起の付いた大きなドラムを回転させて脱穀するコンバインの心臓部。コシヒカリなど、食味のいい米ほど、脱穀はむずかしいという。タダじゃ食わせないということか。
●4：いわば大きなフルイ。このほか送風ファンによる比重選別なども行う。
●5：背中にしょったモミ排出用のパイプ。“オーガ”とは「螺旋」のこと。パイプの中で螺旋が回ってモミを搬送する。
●6：「倒伏」とは、稲が倒れている状態。雨や風やＵＦＯのせいだけでなく、身の付きがよくても、稲は頭の重さで寝てしまう。都合よく直立して、刈り取られるのを待っているほうが珍しい。

ターになると、10分でタンクを満杯にし、その名も〝豪速オーガ〟で1分半排出して、また刈り取るという作業を繰り返す。すべて人力だと、刈り取りだけでも10アールに大人ひとりでまる1日かかるという。それに対して、この6条刈りマシンは1時間で73・4アールをこなす。

ただ、密閉キャビンでも、音はかなりうるさい。とくに刈り取り中は、耳を聾《ろう》するばかりだ。エンジンに加えて、刈り刃、搬送チェーン、こぎ胴、モミ選別のためのファンや揺動装置など、あらゆる可動部分が一斉に動くのだから、仕方ない。コンバインは田んぼからモミを生産する、〝動く工場〟なのである。

この日は、なんとか刈り残しを出すこともなく、合計160mほど刈らしてもらう。秒速1mとして、3分足らずの経験だった。

10m進むと、15kgのモミがとれる。160mなら240kgである。4俵だ。1年で大人ひとりが食べるのは1俵だという。スゴイではないか。このお米で、1俵1万6千円になると聞くと、さらにスゴイ。穀《ごく》ツブシのスポーツカーなんかと比べたら、実に安い1200万円ではないか。

パワースーツの運転

昔、あるクラシックカー愛好家を訪ねたときだった。

夜遅く取材が終わり、広い庭にあるガレージから自分のクルマを出そうとすると、スライド門扉の前に見知らぬ乗用車が駐まっていた。もう夜だからいいだろうと、そこに置いて、どこかへ行ってしまったらしい。そうとう無神経な輩《やから》である。

完全に出口を塞《ふさ》いでいるので、にっちもさっちもいかない。今晩はここでお泊まりかと思ったら、こういうお宅だけに、車輪のついた大きなガレージジャッキがあった。ゴロゴロと引きずって、通路に出し、リアデフをジャッキアップした。あとはみんなでそのままクルマを押して移動させ、一件落着した。

だが、そのときもしぼくがこれを着ていたら、人の手をわずらわさずにすんだかもしれない。バンパー裏側に両手を突っ込み、ウンショとクルマを持ち上げて、なんだったら、そのまま近くの交番まで引っ張っていく。ひとりレッカー移動。便利ではないか。すべての人間を怪力スーパーマンに変身させる〝パワースーツ〟である。

2倍の力持ちになれる

神奈川県厚木市にある神奈川工科大学で、パワースーツの研究が進んでいる。福祉システム工学科の山本研究室が取り組んでいるテーマである。

パワースーツといえば、映画『エイリアン』でリプリーが凶暴なエイリアンと戦った光景が思い出される。映画的にそうする必要があったのだろうが、あれは「着るガンダム」のような物々しいマシンだった。

山本研究室の最新バージョンはあんなに戦闘的なものではない。なにしろ、福祉システム工学科のスタディである。正式に「パワー・アシスト・スーツ」と呼ばれるこれは、介護用として開発されている。非力な女性の介護士や看護士でも、人の体を楽に抱き上げたり、支えたりすることができる。近未来の介護用品といえる。

山本圭治郎教授の案内で研究室に入ると、パワースーツはキャスター付きのハンガーに吊るされていた。一応、人型をしているのに、メカや配線やコンピュータユニットが剥き出しのため、まったく物々しくないと言えばうそになるが、たしかにスーツといえばスーツである。ハンガーに見覚えがあると思ったら、ホンダのアシモが使っているのと同じものだった。

アルミプレートの骨格をもつこのパワースーツは、腰、両肘、両膝の3部位に倍力装置を備える。装着者が力を出すのを感知して、必要なところに空気力のアシストを送り込む仕掛けだ。

サイズが合わず、着られなかったので、かわりにパワースーツ人間にだっこされる。

メカはとてもわかりやすい。パタパタと畳める何枚かのアルミ板の間に、空気袋が挟んである。それをポンプで膨らませることにより、連結したアルミ板をパンタグラフのようにストロークさせる。いちばんよくわかるのが膝の部分だ。しゃがんだ姿勢からスクウォットの要領で真上に伸びあがろうとすると、膝の裏側にあるエアバッグが膨張して、波形に畳まれていたアルミ板の隙間を押し広げる。雪道や砂地でクルマを持ち上げるときに使う空気袋式エアジャッキと同じ理屈と考えていい。

エアバッグと電動エアポンプと圧力調整用の排気バルブは、いずれも家庭用血圧計の部品を流用している。片側の肘だけでも8個のエアバッグと4個のポンプが使われ、全体ではそれぞれ46個と38個に達する。電源はニッカド電池で、スーツの総重量は約20kgになる。

アシストのセンシングも、考え方はシンプルだ。シリコンゴムを使ったセンサーを、上腕部、腰、太股の計6カ所にマジックテープで止める。装着者が力を出すと、筋肉が緊張して盛り上がる。その移動量をシリコンの変形で測って電気信号に変える。筋電を測るという方法も試したが、コンピューターやモーターなどから出る雑電波を拾ってしまって、うまくいかなかった。初期のころは、力を入れると歯をくいしばることや、「えいっ」と声を上げることなどにも着目したが、結局、最も単純な現在の感知方式になった。

肝心のアシスト量は、仕事量の半分をサポートするというレベルにしてある。つまり、60kgの人を抱えるとき、装着者は30kg分の力ですむ。話半分は困るが、力半分ならありがたい。つまり、これを着ると、2倍の力持ちになれるということである。そういえば、電動アシスト自転車も、半分の力でこげるというのが一般的だ。

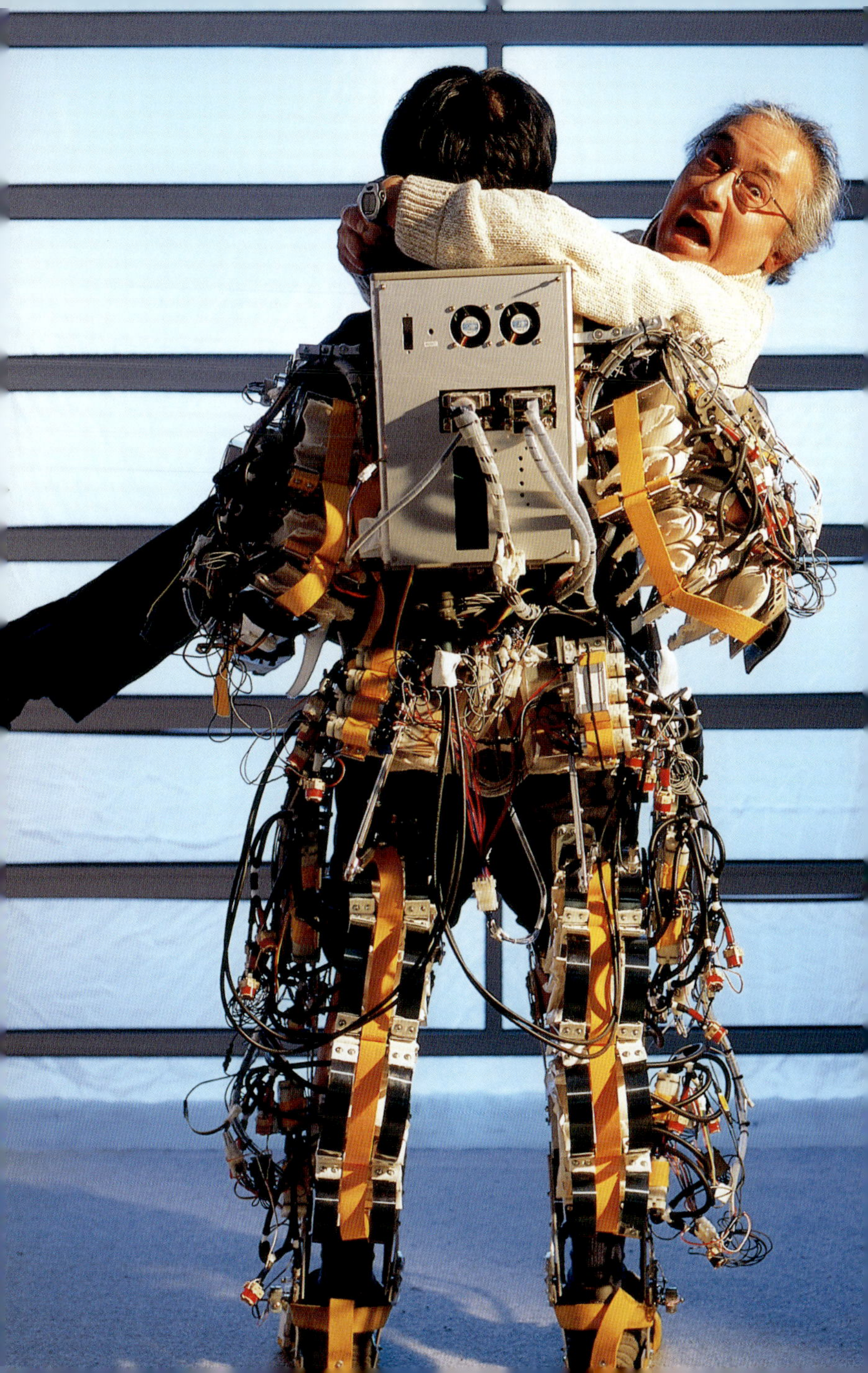

まるでゴジラ

この日、パワースーツを着たのは、男子研究生のIさんである。製作を担当し、いつもはもっぱら〝着せるほう〟だという彼がやってくれたのは、実は予定していた女子学生が風邪をひき、急遽、来られなくなってしまったからだ。スーツはその女性にピッタリ合わせてつくってあるので、〝試着〟はできないと聞いていた。でも、この機に乗じてなんとか着ることはできないだろうかとIさんに頼んでみる。センサーをつけるため、Tシャツ、短パン姿にならないといけないそうだが、そんな装束ならいますぐ買いにいけばいい。「パワーが倍」の感覚をぜひとも味わってみたい。

だが、身長160㎝、体重62㎏のぼくを見て、I研究員は「ウーン……」とウナった。身長の自由度は多少あるが、胴体部分の横幅は許容度が狭いのだという。要するに、ぼくでは太りすぎなのだ。もっとも、最初に教官室に伺ったとき、試着の可能性を尋ねると、長身痩躯《そうく》の山本先生から「こんなズングリした体形は、想定していませんなあ」と引導を渡されていたのだが。

スーツといっても、まだウエットスーツのようにすっぽりカラダを入れるようにはできていない。アルミプレートの骨格をバンドでカラダに固定する必要がある。センサーのコードを背中のコンピューターに接続するのは自分ではできないので、着るのにはいまのところ最低ひとり介護がいる。

装着が終わり、ハンガーのフックが外され、まずは電源オフのままで石井さんが歩き出す。真横から見ると、アルミプレートの骨格で垂直に自立するパワースーツに人間が張り付けになっているようだ。そのため、電源オフでも20kgの重さを人間がそのまま感じることはない。

すべてのメカが背中側についているので、それが背びれのように見えて、まるでゴジラだ。メカを背面配置にしたのは、介護対象に機械が触れるようでは困るからだ。そのかわり、おんぶはできないし、いすに座ることもできない。そのへんは、あくまで実験用のプロトタイプなのだから、しかたない。

着ることはできなかったが、代わりに、介護されるほうを味わった。2倍パワーになったI研究員にダッコしてもらったのである。

机の上に体育座りをしたぼくを、まず最初、電源オフの状態で抱きかかえてもらおうとしたが、だめだった。まったく持ち上げられない。次に電源を入れてトライする。電動ポンプが一斉に回りだして、かなり大きな音がする。

さすがである。Iさんは、62kgをこんどはヒョイという感じで持ち上げた。聞けば「軽いですよ」と言う。撮影のために、机をどけて、しばらくそのまま立っていてもらう。終わってからも、まったく息が乱れているような様子はない。あー、自分でやってみたかった。メインモデルの女子学生は、最高80kgの男性を抱きかかえたことがあるそうだ。

病院から戦場まで

撮影が終わってから、近くのファミリーレストランへ行って、話を聞いた。

キムチちげ鍋うどんを頼んだら、なんとコンロ付きで出てきた。目の前で煮立たせてから食べろと

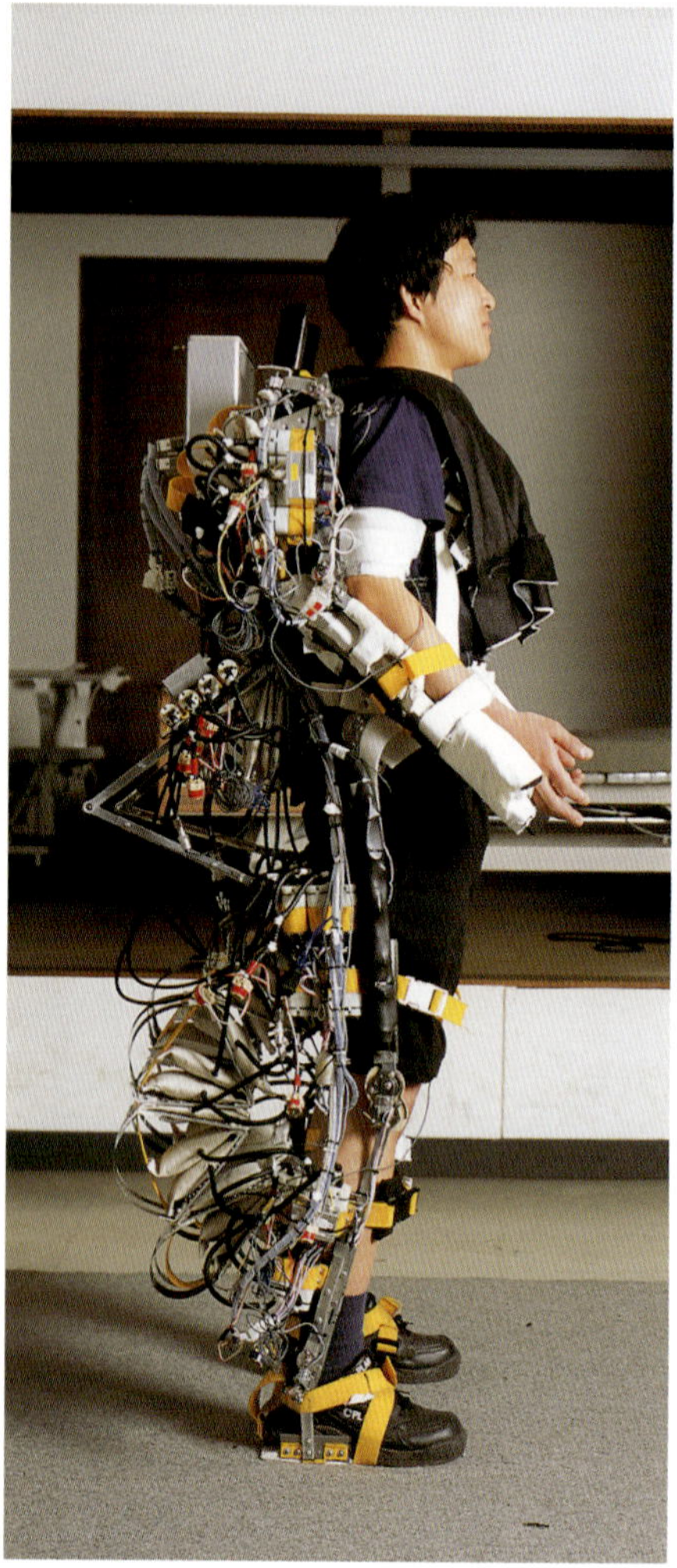

ニッカド電池のパワーパックを含めたスーツの総重量は約20kg。すべての装置は人間の背面に付くので、おんぶはできない。

いうのだが、時間がかかってかなわない。煮立っても、こっちは猫舌なので、なかなか食べられない。

〝パワーべろ〟がほしかった。

山本研究室のパワースーツは、すでに各方面から注目や期待が寄せられている。この日の朝も、ドイツの病院からすぐにでもテストしてみたいというメールが入ったという。

だが、これまでコンタクトしてきた企業関係者の話を聞くと、パワースーツがまず最初に実用化されるのは、建設業のようなハードな力仕事の現場だと山本先生はみている。米国陸軍は兵士が１００kgの装備を背負って歩けるように、パワースーツの開発を急いでいるという。重い物を持って仕事をすると、まず腰にくる。そうならないために、足腰だけをサポートするマシンなら、コストの面でも、ニーズの点でも、製品化はぐっと現実味を帯びそうだ。

山本パワースーツの今後の課題は、パワーアップだという。といっても、主に改善したいのは、アシストの追従性をもっと早くする、つまりレスポンスをよくすることで、絶対的アシスト量を無闇に

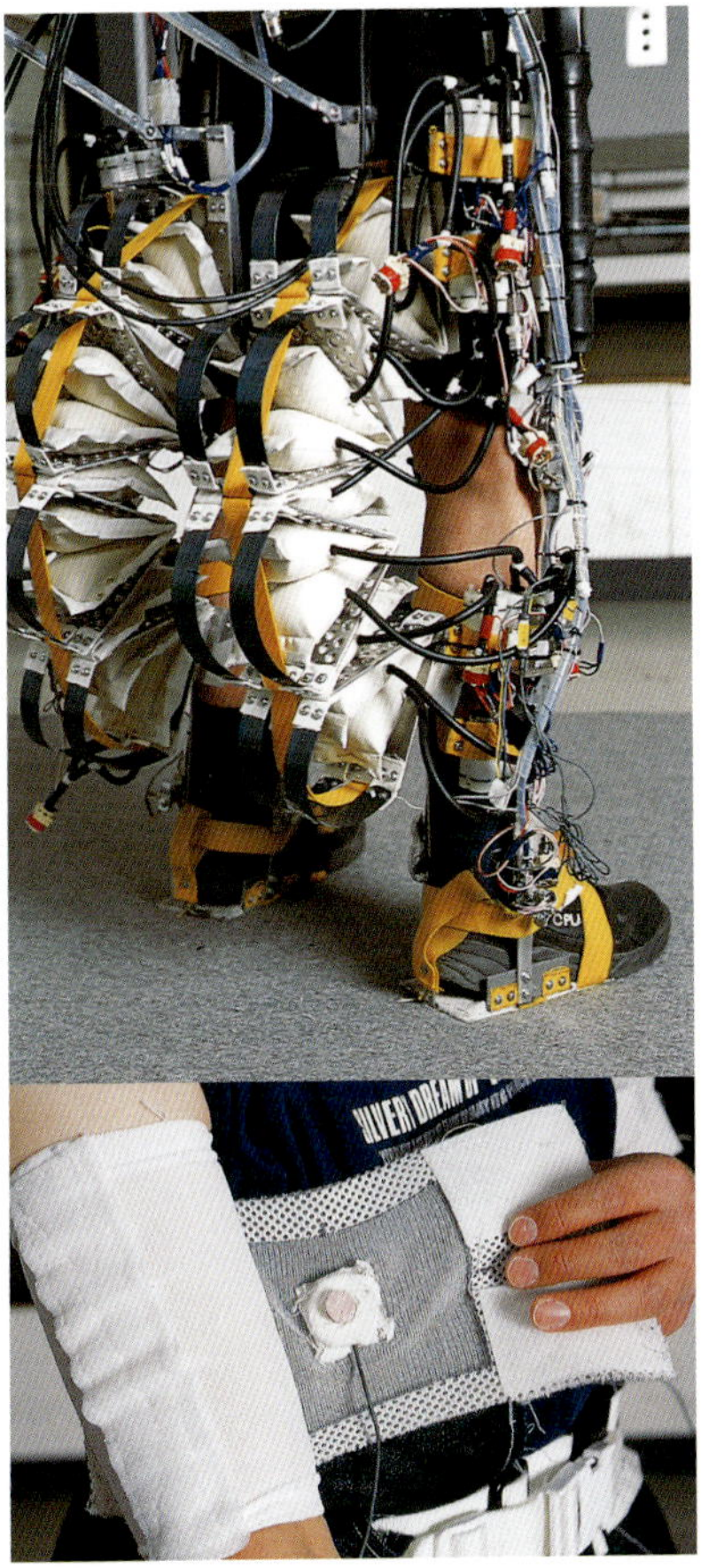

上：屈んだ状態から立ち上がるときは、エアバッグの膨張力でアルミ板をパンタグラフのように伸長させる。
下：筋肉の緊張を測定するセンサー。

増やすことは狙っていない。1tのクルマを持ち上げられたら痛快だろうが、そのとき突然、アシストがきれたらどうするのかという問題がある。仮にシステムがダウンしたり、暴走したりしても、なんとか人間の力で押さえがきく、その程度にアシストはとどめる必要がある。

そのあたりが、アシストマシンのおもしろいところである。いかにハイテクでも、イニシアチブはあくまで人間にある。まず装着者が出力しないと動かないパワー・アシスト・スーツは、あくまで人間が運転するものなのだ。

山本先生は自立型のロボットには距離を置いている。頭脳や神経を与え、ロボットを人間に近づけるような努力はしたいとは思わないそうだ。パワースーツは、人間のロボット化ではなく、人間のマッスル化だと定義している。「その人が力持ちになるところがいい」とおっしゃった。

「研究者というのは、おもしろがって、どんどんやっちゃいますからね。いいのわるいの言ったって、新しいことをやれば、実績にもなるし、話題にもなる。だから、ますますどんどんやっちゃう」

最先端技術の現場にいるすべての人に自戒してもらいたい言葉である。

タグボートの運転

過去に取材した運転のなかでも、とくに印象的だったのは、25万トンの原油を運ぶ巨大オイルタンカーである。船体重量を合わせると、29万トン。長さは東京タワーと同じ333m。船長や機関長に話を聞いておもしろかったのは、詰まるところ、メガシップの運転が〝知られざる世界〟だったからだった。

日本の港に入る外国船籍の大型船は、船長に代わって乗り込んだ水先案内人(パイロット)によって操船される。船は船で、自力で接岸することができない。あまりにも大きく、重すぎて、横方向の動きを始め、小技がまるで苦手だからだ。ヘタに船体をどこかへぶつけようものなら、取り返しのつかないことになる。

「でも、今回のパイロットさんはうまかったですよ。2センチで着けましたから」

取材したとき、タンカーの船長はそう言った。接岸の瞬間のスピードが、秒速2㎝だったという意味である。その船は秒速10㎝以上でぶつけると、岸壁を破壊してしまうのである。

往来の激しい港内で、そうした大型船をエスコートし、パイロットが出す指示に従って、押したり

タグボートは360度、どの方向にも動ける怪力船だ。操舵室も360度の視界がきく。

引いたりしながらの離接岸作業を引き受ける船が、タグボートである。大きな船体にどんなお宝を積んだ船だって、航海の最後にタグボートのお世話にならなければ一銭にもならない。〝tug〟とは「引く」の意だが、「奮闘する」という意味もある。

思ったとおりに動く船

早朝5時半前、横浜の大桟橋に集まる。

タグボートの取材を受けてくれたのは、曳船《えいせん》業界最大手の東京汽船㈱が所有する伊勢丸である。横浜港、川崎港を中心に働く船だ。

この日は低気圧の通過で午後から風雨ともに強まり、春の嵐になるという予報だった。しかし、前日、会社に問い合わせたところ、たとえ台風でもタグボートだけは出ていくから大丈夫とのこと。うれしいような、そうでないような、微妙な心持ちになったが、念のため、酔い止めのクスリを持参する。

横浜の観光スポットとしても有名な大桟橋は、大型客船なども着く埠頭である。伊勢丸は5時半にここを出るという連絡だったが、見渡したところ、それらしい船はない。ひとっ子ひとりいない桟橋には、すでに強い風が吹き始めている。

やっぱり出航中止になったのだろうかと冗談まじりに話していると、やがて沖のほうから白黒ツートーンの船がまっすぐこちらへ近づいてきた。マストが白いのは、東京汽船の目印だ。伊勢丸だった。

山下埠頭を出てから、約束通り、われわれ3人を迎えにきてくれたのである。「おはようございまーす」と明るく出迎えてくれた若い乗組員に導かれて、桟橋より低い位置にある甲板におりる。そのままキャビンに入り、階段を上がって、ソファのあるちょっとした応接室に通される。すぐに船長の諸岡万寿雄さん（55歳）が姿を現した。いきなりコーヒーをすすめられて恐縮する。

それにしても、まさかタグボートの船内がこんなにきれいで広いとは思わなかった。〝ボート〟とは謙遜のしすぎではないか。

しかし、それも道理だった。伊勢丸は昨年9月に出来たばかりの新造船で、港内曳船としては最大級だという。総トン数238トン。全長37・2m。全幅9・8m。東京汽船で働く34隻のなかでもいちばん大きく、そして強い。

船底にある機関室には、2000psのニイガタ製6気筒ディーゼルエンジンが2基搭載されている。と言ってもピンとこないが、20万トン級のオイルタンカーが3万psと聞くと、238トンで4000psの伊勢丸は、桁違いに優れたパワー・ウェイト・レシオを持つことがわかる。クルマで言えば、軽自動車にV8エンジンを積んだようなものと説明されて、納得する。

曳航能力は、前進で52トン、後進で50トン。諸岡船長によると、タグボートの命ともいえるこの性能数値は、実際に地上にあるその重量のおもりを引いて測るのだそうだ。

応接室のある2階から階段を9段上がると、見晴らしのよいブリッジに出る。タグボートを操る操舵室だ。航海士と甲板員が並んで操船にあたっている。乗組員はほかに甲板員がもうひとりと、機関長と、そして船長の5人体制である。

操舵室の幅は2・5mほどだろうか。大人が5、6人も入ると、けっこう込み合った感じになる程度の広さだが、ひとめ見てほかの船と違うのは、全周にわたる視界のよさである。

海面から7mほどの高みにある部屋は、周囲四面すべてにサッシ窓がはめられている。フロントウィンドウの両端はガラスのまま直角に曲がってサイドに回り込み、ピラーによる死角ができるのを防いでいる。ここまでして周りをよく見えるようにしてあるのは、見る必要があるからだ。

2基のエンジンにそれぞれ繋《つな》がるプロペラ(スクリュー)は直径2・2m。その大きさにも驚くが、船尾左右一対のプロペラは、扇風機のように360度首を振る。おかげで、タグボートは自在にターンすることができる。プロペラの向きを変えれば、どの方向にも旋回できるため、エンジンの逆転機構はついていない。舵(ラダー)も持たない。一般の船と大きく異なるところだ。作業中のタグボートには、前も後ろもないと言っていい。力だけでなく、類いまれな運動性も備えているのである。諸岡船長が言う。

「普通の船は、ただ走るだけだけど、これは特殊だからね。自分の思ったとおりに動くんですよ。あとで沖行ったら、回しますから」

4000馬力のその場ターン

大桟橋を出た伊勢丸は、ゆっくりしたスピードで横浜港を南西へ進んでいた。前方にベイブリッジ

貨物船の接岸作業を始めた船長の手には、いつのまにか手袋。もはや声をかけられる雰囲気ではない。

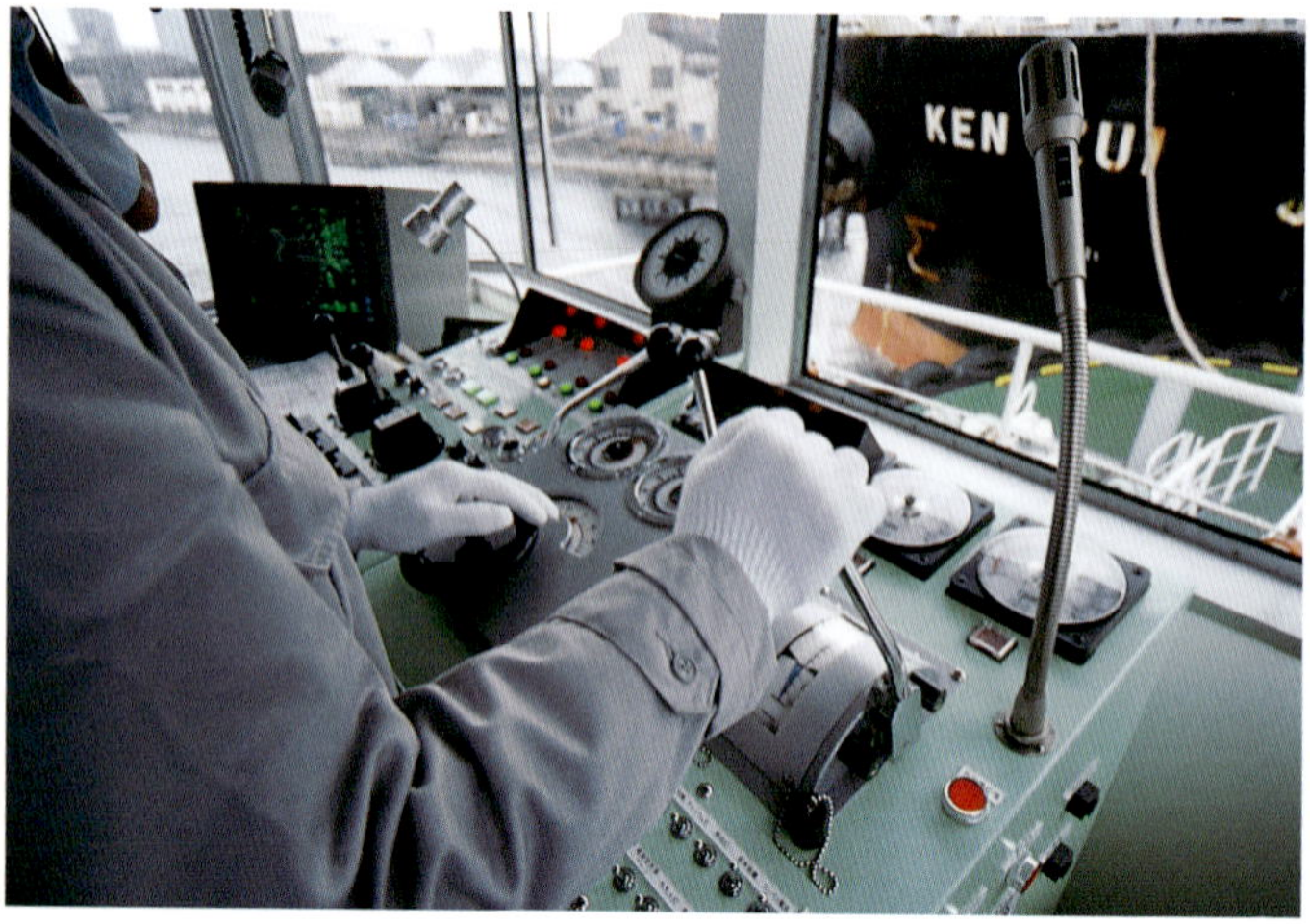

が見えている。この日最初の仕事は、小麦を積んだ1万4000tの貨物船を、港の奥にある日本製粉までエスコートすることだった。

海面にはわずかに白波が立っているが、船体を揺らすほどではない。デジタルメーターに出る速力は10ノット（約19㎞／h）に届かない。波を立てないように、港内はゆっくり走るのが原則だ。港の入口に停泊している貨物船も、まだ錨《いかり》を上げきっていなかったため、急ぐ必要もなかった。

ベイブリッジをくぐり、広いところに出てから、タグボートの特技を見せてもらう。

操舵室のコントロールパネル中央にあるレバーを、前から後ろへ倒すと、それまで前進していた船は減速して、バックし始めた。水中でプロペラが180度、向きを変えたのだ。切り替わりはスムーズで、ノッチーな違和感はまったくない。レバー操作ひとつで、前進から後進へ移れる雪上車を思い出した。

次に、舵輪《だりん》を回すと、船はその場でターンを始めた。

総トン数238t。全長約37m。タグボートとしては最大級の伊勢丸。

舵輪といっても、コントロールパネルから水平に突き出した直径十数センチの小さな丸ハンドルである。単なる電気的なスイッチだから、操舵力と呼ぶほどの力はいらない。やってみると、指先でクルクル回る。それだけで、全長37mの船がその場ターンする。おもしろい。

諸岡船長は、タグボートひと筋40年の大ベテランである。入社当時の船は61トンで、馬力も675psに過ぎなかった。そのころと比べると、伊勢丸の性能はもはやなんの不満もないばかりか、むしろよすぎてコワく感じることすらあるという。

舵輪の左側には、同じカタチの短いレバーが並んでいる。根元に「繰出―巻込」と記されたそれは、タグラインを出し入れするウインチの操作レバーである。伊勢丸は200mのタグラインを2本持っている。直径9cmの太いロープだが、大型船を引く荷重はすさまじく、1年半で交換するという。1本50~60万円もする。

ブリッジからもよく見える船首は、普通の船のように尖っていない。相手の船を広い面積で押すためだ。かなり大きなアールを描く舳先《へさき》には、緩衝材のタイヤが隙間なく固定されている。この部分にはちゃんと〝フェンダー〟という名前もついている。古タイヤだと思ったらとんでもなく、なんと新品の航空タイヤだという。弾力性が最も適しているのだそうだ。

港の入口に近づいたところで、伊勢丸は前進をやめ、待機に入った。沖合には何隻かの大型船が横腹を見せて停泊している。そのうちの1隻が、これから入港する〝ケンズイ号〟で、伊勢丸とペアで仕事をするもう1隻のタグボートがパイロットを乗せてそちらへ向かっている。その部隊がここへやってくるまでの待機である。

離接岸の作業は、だいたい1時間で終わる。一仕事が済むと、次の連絡が入るまで港内で待機になる。タグボートは「待ちの仕事」でもあるという。

仕事は昼夜を問わずあるため、船で寝泊まりすることが多い。伊勢丸は25トンの清水《せいすい》タンクをもち、風呂もふたつある。見習い甲板員の重要な任務は〝飯炊き〟だ。千葉県の浜金谷《はまかなや》に自宅をもつ船長は、船上で働く毎日を「単身赴任だ」とも言った。

「この仕事、憧れて入るって人は、あまり聞かないね。狭いところに一日中いるから、若い人はすぐイヤんなっちゃうんじゃないの。最初は飯炊きで、いきなり操船できるわけじゃないしね」

やがて、無線の交信が忙しくなり、ブリッジの雰囲気も慌ただしくなった。無線の内容は素人にはほとんどわからない。だが、気がつくと、小さなタグボートを従えた黒い貨物船が、ボーっと霞んだ海上のすぐ近くまで来ていた。

横浜港の難所に挑む

午前6時40分、伊勢丸は1時間前に通った横浜レインボーブリッジを反対側から再びくぐろうとしていた。速力は7ノット弱(約12km/h)。出港時よりもさらにゆっくりだ。

全周にわたって視界のきくブリッジから後ろを振り返ると、何百メートルか後方に黒い貨物船が見える。低い速力で距離を縮めながら、すでにケンズイを先導していたのである。

ケンズイの艫《とも》(船尾)にはもう1隻のタグボートがタグラインを渡して付き添っている。コンビを組む〝大安丸《だいあんまる》〟だ。

レインボーブリッジをくぐってさらに進むと、ケンズイはもうすぐ後ろに迫っていた。全長154m。伊勢丸とは桁違いの大きさだが、かといって、そんなに目を見はるほど大きな船ではない。海面標高約7mの伊勢丸のブリッジから見ると、甲板はそれほど変わらない高さにある。タグボートが2隻必要になるのは6000トンクラスからだが、15万トンクラスまで押し引きができる伊勢丸にとって、1万4000トンならまだまだ序の口の相手である。

だが、これから向かう日清製粉の岸壁は、横浜港でも最もむずかしいところと言われている。ベイブリッジから約3km直進すると、先すぼまりの狭い水路に入る。しかも、すぐにほぼ直角の左ターンがあり、最後は右舷から岸につける。接岸地点の水路は幅150mほどしかない。

「あそこはむずかしいですよ。米軍のドルフィン(係船柱)があるんで、うまく曲がっていかないと、

小よく大を制する。大型船はタグボートの力なしには接岸できない。

タグが挟まれちゃう。パイロットも、新しい人じゃぜったいムリ」

操船につく前、諸岡船長はそう話した。

伊勢丸、ぶら下がりました

ケンズイの船首左舷に接近すると、向こうからロープが投げ込まれる。伊勢丸の舳先にいる甲板員がタグラインをそれに軽く結ぶ。ケンズイが再びロープを回収して、2隻を繋ぐ命綱がやりとりされる。

「伊勢丸、タグライン取りました」

諸岡船長の左隣に立つ甲板員が報告する。無線を通してタグボートに指令を出してくるのは、ケンズイに乗り込んでいるパイロットだ。タグボートは勝手に動くのではない。あくまでパイロットの指示通りに押し引きをする。とはいえ、自船の安全に責任を負うのは船長だ。海の掟である。舵輪と出力レバーに手をかけた諸岡船長は、いつのまにか白い手袋をつけていた。

手前の小さな丸ハンドルが、舵輪。軽いハンドルを大きく回せば、その場ターンもできる。

タグラインを繋いだ伊勢丸は、ケンズイの左舷を併走し始める。素人目には接触せんばかりの距離である。右斜め前方に延びたままたるんでいたタグラインがピンと張ると、「伊勢丸、ぶら下がりました」と、甲板員が報告する。ケンズイの〝行き足〟（スピード）を止めるために、自船の重さをかけたという意味である。それでもスピードが落ちない場合は、「艫《とも》に引け」という指示がパイロットから出る。３６０度首を振るプロペラを反転させて、さらに強い減速や後進を求める発令だ。４０００psのエンジンで1万４０００トンの大型船を後方に引っぱると、伊勢丸は身震いするような振動に包まれる。

デジタルのスピードメーターは3ノット台を示し、コンマ一桁の数字が次第に小さくなってゆく。やがて前方の陸地に日本製粉の倉庫が見えた。水路はたしかに左に折れている。

いつのまにか伊勢丸は体勢を90度変えて、ケンズイの左舷をフェンダーで押していた。なにしろ一般の船と違って、融通無碍《ゆうづうむげ》に向きを変えられるので、押すも引くも自在である。艫につく大安丸もほぼ同じ角度で左舷をプッシュしている。いよいよ大ワザの左ターンに入る。

速力は1ノット台にまで落ちている。歩くスピードの半分以下だ。船の速度計がなければ、動いているかどうかも判然としない。ブリッジの後方にいる筆者の位置からだと、船長も甲板員も背中しか見えないが、緊張は伝わってくる。なによりこの超スロースピードがかえって緊迫感を盛り上げる。

無事、直角の左折を終えると、こんどはすぐに右舷からの接岸作業に入る。スピーカーから聞こえるパイロットの発令が慌ただしくなる。

「伊勢丸、デッドスロー、左」

「ダイアン、オメガ」

「伊勢丸、アタマ離せ」

「伊勢丸、オメガ」

「ダイアン、停止」

「伊勢丸、真横、デッドスロー、この位置」

デッドスローとは、クルマで言えば、アイドリングでエンジンを回すことである。オメガはさらにクラッチをきって、惰性だけで船を進めることだ。

残念ながら、諸岡船長の手の動きは見ることができなかったが、操船ぶりは実にたんたんとしたものだった。大きなアクションもなければ、大声をあげるようなこともない。ベテランならではの境地だろうか。薄いグリーンの操作盤の前に立ち、白い手袋をはめた手をゆっくりと動かし続けている。

斜め後ろからだと、まるで薬剤師がクスリの調合でもしているかのように見えた。

「伊勢丸、作業終了、ありがとうございました」

ケンズイの接岸を確認すると、甲板員がマイクに呼びかけた。

血の気が引く瞬間

朝一番の仕事で、最初から最後まで操船にあたったのは、諸岡船長だった。港内を移動するときは、航海士や甲板員が担当することもあったが、ケンズイをエスコートし始めたときには、船長が操作盤の前に立っていた。分業化の進んだ外航大型船で、船長が自ら舵輪やスロットルレバーを握ることはまずない。その点、タグボートの船長は、現場でも操船のトップである。自在の運動性と、ほかとは桁違いの優れたパワー・ウェイト・レシオをもつタグボートは、運転好きにはこたえられない船かもしれない。

顔の見えないパイロットの指示通りに自船をもっていくのが任務だが、じゃあ、パイロットの重要性を100とすると、タグボートは?と聞くと、「80くらいかな」という答が返ってきた。ほとんど互角である。


そんなタグボートの〝運転〟は、職人仕事であると諸岡船長は言った。

「自分のアタマが、この(操作盤)中に入っているんですよ。考えなくても、手が自然に動く。だから、船がイメージどおりに動く。〝押せ〟と言われても、うまく押すには〝間合い〟があるんですよ。技術も

"本船"に当てたときの衝撃を和らげるバンパー。1本5万円もする航空機用タイヤが使われる。

必要だけど、それより、先をみる勘だね」

これまでさまざまな運転者の運転ぶりを見聞きしてきたが、自分の運転を職人仕事と形容したのは、この人が初めてである。3桁のトン数の船で、6桁の大型船を押し引きする。タグボートの運転は、たしかに最もマニュアル化のできない世界なのだろう。まさに職人芸が求められる船なのだ。

「気象条件がよくて、ゆっくりできるときはいいけど、大シケのときもあるからね。大きな自動車専用船なんかは、風があると、流されちゃう。こっちが吸い込まれて、本船の下に入っちゃうんですよ。ヘタすると、舷にマストを引っかけて、出られなくなっちゃう。コワイですよ。曲がるときだって、風で本船が寄ってくることもある。行き足が止まんないときなんか、血の気が引きますよ。逆に300トンくらいの小さな船だと、押すんでもよっぽど慎重にやらないと、こんどは相手が飛んでっちゃうからね」

ちなみに、タグボートの乗組員が「本船」と言えば、それは仕事をする相手の船を指す。

ケンズイの接岸作業を終えるとすぐに「10時半、5万トン入港」の仕事が入ってきたが、結局、低気圧の接近でキャンセルになった。事前に言われていたとおり、昼のお弁当を持参して乗ったのに残念である。5時間前にピックアップしてもらった大桟橋まで送ってもらい、下船する。

激しくなった雨の中、甲板で船長と機関長が見送ってくれる。彼らはまた港内の海上で〝待ち〟に入る。桟橋から離れていく姿をこんどはこっちが見送りながら、タグボートもその乗組員もつくづく「カッコイイ」と思った。

水上バスの運転

東京のウォーターフロントで活躍する公共交通機関が、水上バスである。といっても、バスではなくて、船だ。なんでバスと呼ぶのか。おそらくは気安さや便利さをそこに重ねたのだろう。

だが、東京都観光汽船㈱の新鋭船〝ヒミコ〟は、バスにも船にも見えない。まるで水に浮かぶ宇宙船である。それもそのはず、だれしも目を疑うレトロ・フューチャーな船体デザインは、『銀河鉄道999』の松本零士が手がけた。その昔、ポンポン蒸気の名で親しまれた水上交通機関の最新モデルがこれである。

ヒミコに乗って、水上バスの運転を覗いてみた。

東京ウォーターフロント屈指の観光ルート

午前11時、日の出桟橋にヒミコが姿を現す。お台場からやってきた浅草直通便だ。

お台場海浜公園から日の出を経て、隅田川沿いの浅草へ。その3点を結んで往き来しているのがヒミコである。隅田川を下って海に出て、東京湾の最奥部をぐるっと巡り、再び川を遡上《そじょう》する。航路距離のわりに停まるところが少ない。水上バス屈指の観光ルートである。

就航は2004年3月。人気漫画家に頼んだ企画モノとはいえ、完全クローズドデッキのボディは圧巻だ。微妙な三次元カーブを描く上屋《うわや》は、いぶし銀に輝く鉄板と、素通しのガラスで出来ている。4カ所の出入り口は、まさに宇宙船を思わせる跳ね上げ式のハッチドアである。浴衣《ゆかた》で夕涼みに出た下町の橋から、こんな船が拝めるのだから、トーキョーはおもしろい。

計36枚使用されている曲面ガラスは、むずかしい型作りをヤマハ発動機のマリン部門が担当した。しばらくは保存していたその型も、いまはない。1枚でも割ったら、ウン百万円らしい。

総トン数114t。といっても門外漢にはピンとこないが、全長33・3m、全幅8m。定員160名。どんなバスよりも大きい。船底から船体のいちばん高いところまでは4・8mあるが、水面から出ているのは2mほどだ。占有面積のわりに背が低いのが、橋の多い隅田川ラインを行く水上バスの特徴である。

ガラス張りの〝クラブ〟のような客室を通り抜けて、先頭部の操舵室に入る。ここもほぼ全面ガラス張りで、明るく、広い。客室との間仕切りもガラスだから、向こうから丸見えだ。

良好な視界を得るために、操舵席は床より一段高いところにある。「社長のイス」のような立派なレザーシートが中央に据えられている。操船資格をもつ2名の乗組員が交代でここに座る。つまり、運転操作は基本的にひとりでやる。

東京のウォーターフロントをゆく水上バスの最新モデル。未来なき時代に、まるで絵に描いたような未来が隅田川を走る。

日の出まで操船してきた石栗健一さんは、元・貨物船の乗組員。代わってこれから操舵席に座る大村伸さんは、海技士の専門学校を出て、この会社に入り、6年が経つ。われわれをアテンドしてくれた運航部の佐久間春雄さんは、水上バスの経験もあるが、かつては23万tのオイルタンカーに乗っていた。

11時15分、日の出からのお客さんを乗せて、出航する。録音の船内放送は『銀河鉄道999』のアニメでおなじみの声優が担当している。客席では歓声があがっているのかもしれないが、操舵室は早くも静かな緊張に包まれている。

エンジンからいちばん遠いところにあるので、実際、この部屋は客室より静かである。そのかわり、船長は30m以上後ろまで延びる船体に全責任をもたなくてはならない。考えてみると、こんなに〝前乗り〟で操縦する船も珍しい。

「いちばんの難所はどこですか」。ひと仕事終えた石栗さんにそう聞くと、「浜離宮に出入りする水門」と答えた。大柄なヒミコは通らないが、隅田川ラインの便は必ず立ち寄る。全幅7・7mの船で、幅12mの水門を通り抜けなければならない。ヒミコよりひとまわり小ぶりとはいえ、それだって全長はほぼ30mある。狭い水路だから、潮の流れも速い。細心の注意を要する場所だという。

操舵席の真正面には小さなステアリングがある。おかしいほど小径だが、円形のリムからヒトデのようにグリップが突き出すのがいかにも船の舵輪だ。操舵席からいちばん見やすい位置にあるアナログメーターが舵角指示器で、プロペラのすぐ後ろにつくラダー(舵)がどれだけきれているかを教えてくれる。

操作盤の右手には2本のレバーが生える。左側がクラッチで、前進、後進を切り替える。右側が620psのディーゼルエンジンをコントロールする〝ガバナー〟。クルマで言えば、アクセルである。外観はこんなでも、操作系はほかに11隻ある水上バスと同じだという。

エンジン回転数はデジタルメーターに表示される。スピードメーターはない。そのかわり、「速力基準表」が操舵席に貼ってある。それによると、通常の航海速力が1736rpm時に11・34ノット。最大速力が1943rpm時で12・42ノット(23km/h)。船の走る水上は流れもあるし、風もあるから、あくまでこれは目安である。しかし、宇宙一遅い宇宙船だ。

隅田川に入ってまもなく、エンジン音が静まって、スピードが落ちた。前を見ると、遅い台船《だいせん》が行く手を阻んでいた。橋脚が頻繁に現れるため、なかなか追い抜きができない。しばらくして、エンジン回転が上がり、ゆっくりと追い越しに入る。横に並んだとき、大村船長が手をあげて台船の乗組員に合図を送った。

コンクリート護岸に屋形船やプレジャーボートが停泊しているところでは、必ず減速する。自船が蹴立てた波で悪影響を与えないためだ。理由を聞くまで、なんでスピードダウンしているのかわからなかった。ルール以前のマナーである。マナーを守ることは、プロっぽくて、カッコイイ。

日の出から約40分、航路距離8・8kmを航行して、浅草の発着場に着く。180度左にターンして右舷を桟橋に寄せる。横に動けるのは、サイドスラスターという横向きの補助スクリューがあるからだ。この船は船首部分に備わるバウスラスターである。そのため、首を振る動きはできるが、後ろは寄せられない。それにメゲず、桟橋に正しく着けるのは、ラダーやエンジン回転の操作との連係である。スラスターはレバーコントロールではなく、「右回頭」「左回頭」のプッシュボタンで操作する。離着桟をショックなしに素早くやるのが、なによりいちばんむずかしいという。

敵は無法プレジャーボート

隅田川は橋銀座である。浅草から河口まで約7kmのあいだに12の橋が現れる。吾妻橋、駒形橋、蔵前橋、両国橋など、ラジオの渋滞情報では聞き慣れた橋だが、水上バスから見ると、どの橋も低いので驚く。

このあたりはまだ海の影響が大きく、干満の差は最大で2mほどある。このときは下げ潮だったが、それでもかなりギリギリでくぐる感じの橋が多い。ヒミコのルーフには、アンテナかウイングを模したようなダミーの飾りが突き出しているが、隅田川では下げる決まりになっている。

浅草でUターンして、川を下り始めると、お台場までは直行だ。この区間がいちばん長く、約50分かかる。料金は1520円。日の出で交代したから、次の日の出桟橋までの一航海は、大村さんが操船を続ける。約2時間のローテーションである。

操船中は話しかけないように言われていた。一段高いところで、背中を向けて座っているため、手元の様子などもなかなか見られない。かといって、操舵席と同じフロアまでお邪魔するのがはばかられたのは、しょっちゅう首を振って、まわりを見ているからだ。

その大村船長が突然、イスからすくっと立ち上がり、伸び上がるようにして左後ろを見た。思わず

船体の先頭中央部、一段高いところにある操舵席。ふたりの船長が交代で座るが、操船は基本的にひとりで行う。

どうしたのかと聞くと、その方向から、いま船が出てきたのだという。運航部の佐久間次長が言った。

「まわりを見るのが、いちばん大切なんです。あの船はどっちを向いて走っていて、スピードはどれくらいなのか。定期船ならわかっていますけど、プレジャーボートや屋形船なんかは動きがわかりませんから。客室から見ると、〝あの人、キョロキョロしてちゃんと運転していない〟と言われちゃいそうですけど、キョロキョロしていない船長のほうがだめなんです」

隅田川を下っているとき、左手から白いモーターボートが飛び出して、バウンドするようなスピードで追い越していった。あとで大村さんに聞くと、この航海でいちばんドキッとした瞬間だったという。遊びのモーターボートは、造波に気を使うどころか、なんのつもりかわざとこっちに寄ってくることもある。「プレジャーボートはいやですね。マナー、ないですよ」。これだけは言わせてくれとばかりに、背中を向けたまま大村船長が言った。

上：天井はほぼ全面ガラス張り。船内放送は、『銀河鉄道999』の声優が担当する。
下：どこから見ても、カタチは斬新。

宇宙一ローテクな宇宙船

最後の勝鬨《かちどき》橋をくぐり、隅田川を抜けて、東京湾に出る。視界が一気に広がって、気持ちいい。と思ったのは、ぼくら取材クルーだけだったらしい。舞台が広くなれば、それだけ注意を払う範囲も広くなる。乗組員はますますキョロキョロしなくてはならない。海に出てホッとすることはないそうだ。

川では右側通行と決まっていても、広いところに出てしまえば、右も左もない。進路が交叉するとき、相手船を右側に見るほうの船が相手船を避《よ》ける、という原則はあっても、相手船よりこっちのほうがはるかにスピードがあれば、先に行くという判断もできる。そうしたことは、とにかく常にまわりをよくウォッチすることから始まる。飛行機で言えば、操縦桿を握るパイロットが管制官も兼務しているようなものだろうか。それも、機影の濃い空港周辺の空でだ。

水上バスの運転が、きわめてマニュアルであることも驚きだった。操船にオートクルーズのようなオートマチック機構は取り入れられていない。

レーダーもGPSも搭載していない。有視界航行のみである。宇宙一ローテクな宇宙船だ。

しかも、操舵席に座った船長がなにもかもひとりでやる。タンカー乗りだった佐久間次長が解説する。

「大型船は、船長が舵を握るわけじゃありませんから。離着桟だって、大きな貨物船になると、指示は船長が出しますけど、直接の引っ張ったり押したりはタグボートがやるわけです。その点、この船は舵を握った人が、自分の力量だけでもっていく。責任重大ですよ。わたしなんかも、見習いで水上バスに乗り始めた当時は、怒鳴られてばっかりでしたから(笑)」

日の出桟橋を出てから約2時間、再び日の出に戻ってきた。操舵席をおりても、出航のスタンバイや、お客さんを迎え入れる準備などで休む暇はない。

足早に操舵室を出ていく大村さんに「水上バスの運転は楽しいですか」と質問したら、まだ20代の若い船長は即答した。

「いや、タイヘンです。毎日、命あずかってますから。荷物じゃないんで……」

鉄道輸送トレーラーの運転

夜、道路を電車が走っている。大型トレーラーによる鉄道車両輸送である。

昔、地下鉄の電車をどこから入れるのか悩んでいた漫才師がいた。どこから入れるにしても、そこまでは陸路をトレーラーで移動させるのが一般的だ。

ひとくちに鉄道車両といっても、路線によって軌間も違えば、ボディサイズも異なる。そもそも、車輌製造メーカーから延びるレールが、必ずしも好都合に納入先の鉄道会社の線路と繋がっているわけではない。となると、搬入先の車両基地まで、地続きの道路を貨物として陸上輸送するのが最も簡単で効率的なのである。

そのわりに人目につかないのは、いつも夜陰に乗じて、コソコソやるからだ。いや、べつにコソコソはしていない。ただ、夜陰も夜陰、作業は人の寝静まった夜間にのみ行われる。鉄道車両のような特大貨物は、交通量の少ない深夜に限って輸送するよう、法律で決められているのだ。

運ぶのは、その道のプロである。1月のある晩、東急ロジスティックの仕事ぶりを見せてもらった。

横浜郊外、真夜中の国道16号に、電車が入ってくる。24時間営業のデニーズにたむろするお客の脇を抜け、一路、脇目もふらず、東京を目指す。

交差点を電車がまいりまーす

ときは午前1時少し前、場所は神奈川県横浜市金沢区泥亀町。国道16号にぶつかるT字路に赤色指示灯を持った作業員が姿を現した。交差点など、必要な場所に先行して立ち、トレーラーの通行をサポートする誘導員である。

このすぐ近くにある東急車輌の工場から2両の新造車を運ぶのが、今夜のミッションだ。出来たてホヤホヤの1編成5両を3晩に分けて輸送する。行く先は、約60km離れた東京都杉並区永福町。そこにある京王・井の頭《かしら》線の車両基地に、3時間後の午前4時に到着する手筈である。

工場をスタートしたのは1時ちょうど。数分後にはこのT字路を左折して16号に入るはずだ。国道にかかる歩道橋で待つことしばし、街路樹の間にトレーラーヘッドの真横のシルエットが浮かんだ、と、そのすぐ後ろから巨大な箱が姿を見せる。電車である。

交差点に現れたトレーラーは、片側2レーンの反対車線側までノーズをいちど深く突っ込んでから、左にハンドルをきり、こちらへ正対した。特大の大回りでできたスペースの中を、長い電車がゆっくりと牽かれてゆく。暗がりとはいえ、いま歩道橋の下を通過したのは、間違いなく電車である。何も知らなかった人は、そうとう面食らうはずだ。この付近に住む左党のお父さんたちの多くは、酔っぱらって帰宅後、「道を電車が走ってたあ！」と叫んでは、奥さんに無視されているらしい。

電車を引っ張るのは、重量物牽引用の三菱ふそうトラクターである。550psの1万9004ccV

Denny's

8ディーゼルを搭載している。運転手さんに「ターボですか?」と聞くと、「いや、これは生」と答えたのがおかしかった。重い物を牽いて、平場を低速でジワジワ走るには、ターボラグのないナマ・エンジンのほうがいいのだろう。

「トレーラー」というのは、正確には〝牽引される側〟のことである。俗に「トラクターヘッド」と呼ばれる〝牽引する側〟は「トラクター」だ。日本語で一般にトレーラーと言うと、トラクター+トレーラーをひっくるめたクルマ全体を指すので、いささかややこしい。

電車は、前後の台車を外し、代わりに〝ドーリー〟と呼ばれるタイヤ付き台車の上に固定される。それをトラクターで引っ張る。つまり、大型トラックの荷台にポンと電車を積んで、静かな荷物として輸送するわけではない。道路を電車が走っているように見えるのはそのためである。

井の頭線用ステンレスカーは、1両約20mある。トラクターと合わせると、全長約26m、全幅は2.5mをかるく超え、ドーリーでかさ上げされた車体は、屋根まで高さ4m近くある。

だが、路上で見ていて、やはりいちばん圧倒されるのは、26mという長さである。筆者が小学校5年生の夏休みまで泳ぎ切れなかった校庭のプールより長い。ちなみに、大型観光バスの全長が12mである。

トレーラーの前には、誘導員を乗せた先導車が走る。一方、電車の後ろには10tトラックの後導車がピタリとつく。点滅灯火をつけたクルマを前後に走らせることが、このような特大トレーラーを運行する際の許可条件である。2両を運ぶ場合は、このユニットが2組で動くことになる。日時や走行ルートを明記した運行申請は、警察と国土交通省に1カ月前までに出す。

右折レーンから左折する

2組のトレーラー部隊をクルマで追っかけながら、電車運搬の実際を観察する。国道16号から1号へと進み、順調に横浜市内を抜ける。深夜といえども、首都圏の大動脈はけっしてガラガラではない。大型貨物車も多いが、タクシーや一般の乗用車も奮闘している。

さらに驚くのは、工事の多さである。あきれるほど頻繁に工事箇所に出くわす。複数レーンを塞《ふさ》いで、完全に1車線通行にしているところもある。でも、こんなとこ、行けるのかよと思うところを、なんとかかんとか通り抜けてしまうのだから不思議である。

トラクターよりも、牽かれる電車のほうが幅が広いため、車体のまわりにかけられたロープからたくさんの電球が吊してある。闇夜にその光の列を震わせながら走る光景は、ちょっとイカ釣り漁船っぽくもある。

右左折する交差点や狭い工事区間が近づくと、誘導員を置くために先導車はスピードを上げて先行するが、大型トラックの後導車は絶対にトレーラーから離れない。必要に応じて、後続のクルマをブロックする重責があるからだ。2車線いっぱいを使うカーブや、直角の曲がり角などでは、内輪差のために空けたスペースに後続車が入ってくる可能性があるのである。

なにしろ、2車線の広い国道を左折するときも、大回りして右折車線から曲がっていくのだ。後導車のブロックは欠かせない。荷台のアオリには「特大トレーラー誘導中、低速走行　追い越し注意」

巨大な内輪差を考えた直角ターンは圧巻。右折レーンから左折の大ワザに入る。

と大きくサインが出ている。ゆめゆめ道路を走る電車の〝イン〟をついてはいけない。

江ノ電から新幹線まで

以前、関西で新幹線のぞみの陸上輸送を取材したことがある。新幹線の車両は井の頭線の電車よりさらに長く、大きい。それだけでも、いっそうの迫力があったのに、当日はハプニングも起きて、実におもしろかった。

事前に通告されていない場所で（おそらくはヤミの）工事があり、かなり長い距離にわたって車線が封鎖されていたのである。現場手前の路肩でチームは止まり、工事関係者を交えて、話し合った。結局、先導車の誘導員が反対車線のクルマを完全にせき止めて、トレーラーを通すことになり、ことなきを得た。

大きな鉄道車両を運ぶのは、たしかに難事業だが、しかし、発注側にしてみれば、できてあたりまえの仕事である。運送業者側になんら落ち度がなくても、「通れませんでした、夜が明けてしまいました」ではすまされないのだ。渋滞する朝の国道で〝のぞみ〟が立ち往生している姿など、マスコミの恰好の餌食である。たとえどんな困難が生じても、人を非難せず、グチもこぼさず、ただただ解決に向けて前向きに考え、行動する。そのプロフェッショナルぶりが、なんともカッコよく見えたものである。

上：“車団”を組んではいても、当然、信号は守る。
下：曲がり角では、先導車で先回りした誘導員が待機して交通整理にあたる。

この日はそんなハプニングもなく、部隊は順調に進んだ。環七では完全に車列が止まる工事渋滞に巻き込まれたが、それも折り込み済みだったようだ。

途中2カ所のアンダーパスは、高さ制限のため、側道を通行する。このルート最大の難所という甲州街道・大原交差点も、後導車のブロック一番、右折車線から左折する大ワザで、難なく乗りきる。

午前4時2分、1台目に続いて、2台目のトレーラーも無事に永福町の車両基地へ到着する。平均時速20㎞で3時間、道路をタイヤで走った電車の旅は終わった。

しかし、東急ロジスティックの仕事はまだ終わっていない。朝になったら、後導車のトラックが積んできた台車を降ろして、車体に組み付ける。つまり、バラして運んだ荷物を、元に戻す。そこまでやるのが運送業者の責任である。

車中仮眠の貴重な時間を割いてもらい、近くのスカイラークでひとりの運転手さんに話を聞いた。この道、40年。来年には定年を迎える大ベテランの中村勝一さん(59歳)だ。

年が明けてまだ3週間なのに、中村さんはもう7両も運んだ。去年は約100両、鉄道会社の車両入れ替えが重なる年だと、年間200両も担当することがあるという。

長距離を走ることも多い。たとえば、栃木県の宇都宮から、兵庫県の神戸まで行くときは、4泊5日をかける。走行スピードが低いことに加え、なにしろ夜の12時から未明の5時までしか走れないため、足は遅い。

この仕事でいちばん重要なのは、運転のテクニック云々よりも、まずとにかく「事前の調査」だという。3晩で5両を運ぶ今回は、最も走り慣れたルートだが、それでも中村さんはいつも前日に乗用車で下見をする。そうして、走り方をあらかじめイメージしておくのだそうだ。

中村さんの仕事は鉄道車両輸送だけではない。特大トレーラーに橋桁《はしげた》のような建築資材を積んで運ぶようなこともある。でも、鉄道車両をやるときの緊張感は別格だという。それは全長13ｍの江ノ電でも、25ｍの新幹線でも、変わることがないと言った。積み荷が剥き出しだからだろうか。

走行中、先導車と後導車の作業員からは絶えず無線が入るが、それらの情報をもとに、トラクターを操るのは運転手である。大原交差点のような、むずかしい曲がり角では、主にどこを見ているのかと質問した。

「どこって、やっぱり車両の大きさだね」

「それをバックミラーで確認する？」

「バックミラー……、車両の長さと幅は……、なんかアタマに入ってるっていうか……」

「じゃあ、これだけトラクターを振れば、曲がれるっていう感覚は、完全にわかってるわけですか」

「そうですね。最初のころはわかりませんよ。数引っ張って、感じを掴まないと、なかなかむずかしいですね」

どんなに緊張しても、鉄道車両輸送は別格に好きだという。忙しいときは、月の半分、家を空けることになるが、それでも、この仕事ができて幸せだといった。

しかし、これだけキャリアが長いと、自分が運んだ電車に乗り合わせることもあるのでは？

「それが、まだいちどもないの。ふだんもクルマだからね」

坂を下りてきた対向車とすれ違う。カメラマンの乗った車両はケーブルに引っ張られて、これから右側レールに入る。２台の車両は１本のケーブルに繋がれて、坂を上り下りしている。前方の壁は、日本一の急勾配。

ケーブルカーの運転

高尾山のケーブルカーは、「勾配日本一」である。

麓《ふもと》の清滝駅から標高４７２ｍの高尾山駅まで、延長１００６ｍ。時間にして6分の道のりに、途中、31度18分という、国内ケーブルカーきっての急勾配がある。

なんてことを知ったのはこれが初めてだ。東京生まれの東京都民なのに、しかも、中央線快速電車の高尾行きを使う多摩の住民なのに、一度も高尾山には登ったことがなかった。

もったいないことをしたと思う。元・鉄ちゃんならずとも、ここのケーブルカーにはいっぺん乗ってみる価値ありだ。さすが日本一の鋼索鉄道はちょっとしたスペクタクルである。

もしケーブルが切れたら?

低い梅雨空から雨が落ちる平日とあって、清滝駅は閑散としていた。駅事務所で高尾登山鉄道とケーブルカーの簡単なレクチャーを受けてから、ホームに出る。

昭和9年開業の高尾山ケーブルカーは、ケーブルカーとしては最も一般的な〝つるべ式〟である。てっぺんの滑車にロープをかけて桶を上下させるつるべ式井戸と同じように、長いケーブルの両端に繋がれた車両が、斜面の軌道を行ったり来たりする。片方が上の駅に着けば、もう片方は同時に下の駅に着く。単線なので、中間地点に短い複線部分をつくって車両を行き違いさせる。なが〜いケーブルで繋がれた2両連結の列車を走らせているようなものだから、複雑な信号システムなど必要としない。これ以上ない単純な鉄道といえる。

つるべ式の井戸は、桶の反対側にあるロープを人力でたぐるが、ケーブルカーは地上に設置した巻き上げ機が原動機となる。その装置はここの場合、高尾山駅のすぐ下にある。

スロープのついたホームに止まっていたのは、赤と黄色のもみじ号。いま、上の高尾山駅に停車しているもう1両は、青と黄色のあおば号だ。現在の設備や車両は昭和43年（1968年）年に導入されたものだが、保守が行き届いているとみえ、そんな時代モノには見えない。

乗務員の西田高久さん（38歳）とともにもみじ号に乗り込む。急勾配に合わせて、最初から階段状につくられた床がケーブルカーの特徴だ。清滝駅の斜度では車両フロアの傾きのほうが少し強すぎて、対面シートの谷側に座ると、多少つんのめったような着座姿勢になる。

発車ベルが鳴り、ゴトンと動き出したもみじ号は、いきなりの急勾配を登り出す。レールはJRの在来線と同じ標準狭軌。行く手を見ると、2本のレールのあいだにあるケーブルが車両を引き上げているのがわかる。1kmを6分ということは、ちょうどジョギングのスピードだが、そのペースで高尾山の胸突き八丁を直登するのだからスゴイ。全長11・4m、自重10・9tの車両には最大135人が乗れる。

先頭部右側の乗務員席に座った西田さんは、早くもマイクを握って観光案内に余念がない。制服制帽で座っている姿は運転士だが、何かを操作している様子はない。

高尾山ケーブルカーは自動運転である。車両にこうしてひとり乗り込む乗務員は、車掌である。ドアを閉め、バイパススイッチをひねって、出発OKの信号を送れば、あとは終点に着くまですべて自動で運行される。運転手のいる運転室は、高尾山駅の中にある。運転ということに関して言えば、車掌の主な役目は、沿線の監視である。

ほぼ直線の全線約1㎞は急勾配ばかりだが、中間の交差所を過ぎると、行く手の光景に思わず目を疑う。さらに角度を増した斜面はもはや絶壁だ。その壁に沿って、レールがまっすぐ立ち上がっている。ここを登るなんて、ウソだろ！と思う。これがディズニーランドのケーブルカーなら、間違いなくこの地形を売り物にして、案内のオニイサンが大騒ぎするはずだ。

だが、西田車掌のアナウンスは至って冷静だ。

「勾配がたいへん急になってまいりました。ただいま通過しております勾配の角度は、31度18分。日本のケーブルカーのなかでも最も急な勾配でございます」

圧倒的に多い中高年の乗客を怖がらせないのが、アナウンスの基本だという。

とはいえ、こんなところで、仮にケーブルが切れたらどうなるのか。その瞬間、「超非常ブレーキ」と呼ばれる機械式ブレーキがバネの力で飛び出して、レールを挟み、車両を強制的にその場停止させることになっている。乗務員室の足元にも任意にそれを作動させるフットスイッチがある。そのほか、

山頂の高尾山駅にある本当の運転室。2台の運行はここでコントロールされる。

乗務員室には落石などの障害物を見つけたときに使う非常ブレーキのスイッチもある。これは車両側のメカではなく、信号を送って、巻き上げ機を緊急停止させるものだ。動力は持っていなくても、ブレーキは硬軟とり揃えているのである。

よじ登るような角度のまま短いトンネルをくぐると、そこが高尾山駅である。6分間のケーブルカー旅はあっというまだ。何組かいたお客さんが下車して、登山道へ向かう。ふだんは15分間隔だが、初詣の期間は休みなしの7分間隔でピストン輸送をする。それでも、1時間待ちだという。

高尾山ケーブルカーの運行スタッフは8名。全員が車掌、運転手、駅務をすべてこなす。89年入社の西田さんは最もキャリアが長い。

運転室は駅の中

ホームの脇にある運転室を見せてもらう。運転手ひ

最初から急斜面に合わせてつくられた車両。車内の床も階段式だ（上）。車両の先頭部にひとり乗っているのは、こう見えても「車掌」である（下）。

とりで操作するというから、もみじ号の乗務員室とそんなに変わらないかと思ったら、けっこうメカメカしくてカッコイイので驚く。

中央の目立つところに、2両の現在位置をリアルタイムに示すインジケーターがある。それも含めて、なぜメカメカしいのかと考えたら、すべてがアナログ表示のアナログ計器であるせいだった。これでも40年近く前の導入当時には、さぞや「中央制御室」ふうの〝ハイテク感〟があったことと想像される。いや、そのころハイテクなんて言葉はなかったから、〝未来感〟か。

いま西田さんが車掌として乗ってきたもみじ号を、15分後、こんどはここで〝運転〟してもらう。といっても、自動運転だからむずかしそうには見えない。

発電機のスイッチを押し、巻き上げ機の軸受け給油ポンプをオンにする。上と下にいる2両から発車オーライの信号を受けたら、発車合図を鳴らす。そして、二つ並んだ巻き上げ機の始動ボタンを押す。こんどはあおば号を引き上げる番だから、押すのはそちら側だ。往復のたびに、こうしてそのつど巻き上げ機の回転方向を換える。反対側を押しても動かないだけだが、念のため、ボタンには可動式のフタがついている。

もみじ号がトンネルに吸い込まれていくと、運転室からはもう車両の様子は見えない。交差所付近は2台のカメラでモニターされているが、車両からの映像はない。

営業運転は自動と決められているが、保線や工事など、業務で運行する場合は手動を使う。営業運転中でも、一旦、非常ブレーキが作動すると、そのあとは手動で走らせる。そのため、始発前の試運転は必ず手動でやることになっている。ノッチとブレーキレバーは運転台の手近なところにある。

だが、そのレバーで加減速や制動の操作を行っても、当然、自分の体にGがかかるわけではない。保線工事のために沿線の途中で車両を止めるようなときでも、この運転台にある速度計でしか減速の様子が掴めない。その感覚が独特だという。たしかにそうだろう。ただ、慣れてくると、停車は自動運転よりショックなくできるそうだ。たしかに高尾山駅で止まるときに、最後の最後でちょっとガクンときた。

自動運転はつまらない

工務課スタッフの案内で、巻き上げ機も見せてもらった。

コンクリートの建屋の中に、直径4・2ｍの滑車が直列に2基配置されている。滑らないように、ケーブルはそこに8の字でかけられている。

ケーブルの直径は42㎜。全長は１１２０ｍ。まったく継ぎ目のない1本モノの鉄製ワイヤロープで

わさず交換する。重量は8・7t。使う内に伸びるから、定期的にカットする。そして、3年に一度、有無を言わさず交換する。

地下鉄をどこから入れるのかも不思議だが、ケーブルカーのケーブルをどうやって換えるのか。考え出したら、夜も眠れなくなっちゃうので、教えてもらった。

ケーブルを巻いたドラムがトラックで清滝駅まで運ばれる。そこからケーブルを引き出して、車両に繋げる。そのまま交差所の広いところまで引っ張ってゆき、古いケーブルと連結する。あとは巻き上げ機を回して、連結部分を再び交差所まで下ろす。ソケットを加工して車両に取り付ければ完了だ。

巻き上げ機のモーターは400ps。この急峻な山岳路線に、ポルシェ911ターボより非力なパワーで大丈夫なのかと思うが、それは取りこし苦労である。片方を巻き上げているとき、下がっていくほうの車両やケーブルは、おもりとして加勢してくれる。災い転じて福となす。ケーブルカーのおもしろいところである。

清滝駅まで降り、国道20号沿い、自動車祈祷殿の隣にあるソバ屋で昼ごはんを食べながら、西田さんの話を聞いた。ここのソバ屋は、日本で初めてとろろそばを出した店だという。観光地にあるくせに、すごくウマイ。

西田さんは4歳まで高尾山で育った。父親が高尾登山電鉄の社員だったからだ。その影響で、子どものころからケーブルカーに憧れて、いまに至った、わけではない。バイクもクルマも鉄道も、およそ乗り物には興味がない。鉄道部運輸課に配属されて17年経ついまも、ケーブルカーに乗っているより、駅務でお客さんと接するほうが好きだという。家族のために乗っているというクルマは、トヨタ

bB。趣味は熱帯魚だ。

ケーブルカーの運転に国家試験のようなものがあるわけではない。あくまで会社内の資格である。適正や技能について聞いたら、「だれでもできます」と答えた。だから、運転という内容で、記事になるんですかと、まじめな西田さんは心配してくれたが、続けてこうも言った。

「個人的に言うと、自分も自動運転はつまらないです。作業運転で車両を出してくれっていうと、みんなやりたがるんですよ。やっぱり手動のほうがおもしろいんですね」

それは運転室のようなところから、アクセルとブレーキでエレベーターを操作するようなものだろうかと想像した。

ボンネットバスの運転

父の書斎にある3本足の木製回転イスを逆さにひっくり返す。それがハンドル。祖母の3尺モノサシを畳と畳の間に差し込んで、シフトレバーを立てる。風呂場から持ってきた腰かけに座ると、出発進行だ。

それがぼくの初めての〝運転〟だった。昭和30年代前半、家に自家用車はなかった。真似をしたのはバスの運転である。

幼稚園の園バスが、古いボンネットバスだった。小学校にあがってからも、通学でいつもバスに乗っていた。

車掌が添乗していた時代のバスの運転は、子どもの目にも〝仕事〟そのものに映った。なかでも目を奪われたのは、クラッチペダルとシフトレバーの操作である。

シンクロ機構がないため、変速時の左足は常にダブルクラッチを踏む。とくにシフトダウンだと、左足を踏んでまずギアをニュートラルに戻し、右足で〝中ぶかし〟をして回転を合わせ、もういちどクラッチを踏んでから、ながーいシフトレバーを操ってギアを落とす。

といっても、こっちは子どもだから、そんな理屈は知る由もない。それだけになおさら、運転手の手足の動きが神業のように見えた。

そのころのバスが伊豆でまだ走っている。中伊豆東海バスの「伊豆の踊子号」だ。1964年（昭和39年）製のいすゞBXD30型。フロントエンジン・リアドライブのボンネットバスである。全国でも現役最古参の路線バスだ。

観光SL列車のバス版か、と考えるのは正しくない。イタいけなC56にブルートレインを牽かせるような、わざとらしくも無神経な見せ物とは違う。このバスは、新車のときからここでずっと働いてきた。「伊豆の踊子号」として観光仕立てを意識したのも古く、76年からである。客寄せパンダとして、最近どっかから連れてこられたわけではない。とにかく、ずっと現役で走ってきたバスというところが貴重である。

ただし、虎の子の1台なので、運行は日祝日のみ。クーラーはおろか、ヒーターすら付いていないため、夏期と冬期は運休する。とくに伊豆の夏は書き入れ時のはずなのに、伊豆の踊子のほうは7月25日から8月いっぱい、夏休みをとってしまわれる。でも、そうやってマイペースでやってきたからこそ、いまがあるのだろう。

見事なハンドルさばき

午後2時過ぎ、伊豆急・河津駅前のバス停で待っていると、やがてオレンジとイエローの踊子号が姿を現した。2時35分発の修善寺行きだ。1時間に1本出る大型ワンマンバスに混ざって、踊子号はこのコースを1日1往復する。

カタチは知っていたが、ボディ色が普通の東海バスと同じとは思わなかった。けっこうビジネスライクな路線バスカラーである。

さらに驚いたのは、駅前広場をグルッと回ってきたその〝走り〟が、まったく年寄りじみていなかったことである。ディーゼルエンジンのゴロゴロ音はさすがに少し大きいが、見たところ、まだかくしゃくとしている。想像していたよりずっとフツーだったのだ。

修善寺まで1650円の運賃はほかの便と変わらない。路線バスで走る以上、個別に料金を変えたりしてはいけないのかもしれない。おまけに、このバスには手甲《てっこう》・脚絆《きゃはん》の装束《しょうぞく》に身を包んだ、可愛い車掌さんが乗る。伊豆の踊り子である。ずいぶんオトクではないか、と思ったが、聞けば、なかにはこんな古いバスと嫌がるお客さんもいるらしい。人それぞれである。

手動の二つ折れドアから乗り込むと、中の狭さに思わず笑う。全長8・3mのボディは、リアエンジンのモダンバスより3mほど短いが、客室の狭さはそんなもんじゃない。ボディ全長の何割かは鼻先のエンジンルームが食っているからだ。

板張りの床をもつマイクロバスのような室内に、二人がけの赤いイスが並んでいる。座席数29。運転席がいちばんよく見える左側の最前席に座る。

客室のいちばん前には「私の経歴」と書いた写真入りの大きなボードが掲示されている。乗客に向けたバスの自己紹介だ。

桜満開の天城峠をゆく伊豆の踊子号。イベントの企画モノではない、れっきとした路線バスである。

鉄板剥き出しの運転席がよく見える。大きな料金箱で隔てられたワンマンバスと違って、斜め後ろのこの席からだと、運転手の足元まで丸見えになる。頭のリリースノブが半円形をした駐車ブレーキレバーがとくになつかしい。

河津から修善寺へ向かう中伊豆東海バスの天城線《あまぎ》は、天城峠を越す伊豆半島有数の難所である。全線約35km。有名なループ橋を経て、河津から十数km、新天城トンネルで峠を越すと、あとは一転、修善寺までは下りっぱなしになる。40歳を超す旧車が、よりにもよって、こんな山岳路線を仕事場にしているのだから因果な話だ。

けれども、走り始めた踊子号は、これまた想像以上にフツーだった。

4段ギアボックスと組み合わされるディーゼルエンジンは、6・3ℓの直列6気筒。パワーはたったの87psだが、平坦路では、少なくとも客として乗っていてとくにノロマな感じはしない。ヒィーンというギアノイズを聞かせながら、思いのほか活発に走る。

だが、走らせている人間のほうは忙しそうである。傍目《はため》にも大変そうなのはハンドル操作で、ちょっとしたカーブでも、とにかくグルグル回す。ノンパワーの重さをスローなギア比でカバーしているためだろう。

いまのバスよりはるかにステアリングシャフトが寝ているため、大きな3本スポークのステアリングホイールは運転手の胸元近くに迫っている。そのドライビングポジションがまたプロの仕事ぶりを演出している。

しかも、白い手袋をした四十がらみの運転手の操舵は、お手本のような〝内かけハンドル〟である。

「見事なハンドルさばき」という言葉が浮かぶ。こんなに一生懸命運転するバスドライバーを見るのは何十年ぶりだろうかと思った。

ただ、見たところ、ダブルクラッチは使わない。シフトダウンのときも、中ぶかしをしないでクラッチペダルを上げ、いきなり強いエンジンブレーキをかける。変速機やクラッチにはなんらかの強化対策が施されているのだろうか。

お客はけっこう頻繁に乗ったり降りたりするが、いちばん多いときでも客席が半分埋まるかどうかという程度だ。それでも、いよいよ上り坂がきつくなると、さすがに30㎞／hを維持するのがやっとになる。

お花見シーズンの日曜日とあって、国道４１４号の交通量は多い。待てる場所があると何度か路肩に停車して、数珠《じゅず》つなぎになった後続車を先へ行かせた。

でも、あとで聞いたら、これは中伊豆東海バス全部の〝マナー〟だそうだ。修善寺まで1時間30分の所要時間（ダイヤ）も、ほかのバスと実は変わらないのである。

みんな運転したがるけど……

修善寺の営業所で運行主任の遠藤浩さん（57歳）に話を聞いた。踊子号のことならなんでも知っている現場のプロである。

１９６２年、15歳で入社。車掌を３年やったあと、18歳で大型一種免許を取得。その後、会社の大

ないのだろう。型貨物車などで経験を積み、二種免許が取れる21歳からバスに乗り始めた。といっても、そのころは車掌を経なければ、ハンドルは握れなかった。職人を一人前にするように、昔はこうして段階を踏んで運転手を育てる制度があった。それはまた、平気で飲酒運転をするサラリーマン運転手をつくらない制度でもあったのだろう。

新車当時の踊子号には、十代の車掌のころに乗っている。その遠藤さんに許可をもらって、運転席に座らせてもらう。

走行距離は、このとき41万8702㎞。79年からはシーズン中の日祝日のみの営業だが、それでもすでに地球を10周以上走った計算だ。

クラッチペダルを踏んでみると、そんなに重くない。据え切りで回したハンドルも、こんなものかという重さだった。少し安心した。

修善寺営業所には36台のバスがある。運転手は50名。踊子号には専属ドライバーを決めているのかと思ったら、そんなに厳しいことではないらしい。

驚いたことに、中伊豆東海バスに入ってくる運転手さんは、まず例外なくこのボンネットバスに乗りたがるそうだ。踊子目当てで来るのである。

「ええ、ボンネットに乗りたくて、神奈川や東京から若い衆が入ってくるんですよ。それなら、可哀想だからみんな乗せようということになって、いちど順番でやらせたんです。そうしたら、やっぱりこわしちゃって。ダブルクラッチを教えても、ちゃんとやらないんですね。それで無理して入れるから、ギア欠けらしちゃう……」

1964年型といえば、YS-11と同世代。こちらも運転操作の人力を軽減するパワーアシストはいっさいなし。

という経緯があって、いまはある程度選ぶようになった。早くてキャリア5年以上、そろそろ乗せてもいいかなという人を会社が選ぶ。やってみないかと言われて辞退する人はいないという。とはいっても、乗務は36パターンある交番の内のひとつだから、巡ってくるのはたまのことである。

しかし、乗りたいといって喜んで乗る人が、なんで操作をちゃんとやらないんでしょうかねと聞くと、勤続42年の運行主任は「どっかズレてるんですよ」と分析した。

一方、遠藤さんのボンネットバス評は、意外や手厳しい。曰く、力がないし、うるさい。ワンマンバスなら2速で十分な発進も、1速スタートだから、シフトの回数が多くて忙しい。こわさないように、いつもギアやクラッチに気を使い、下りではブレーキの過熱に神経を尖らせる。天城を越えると、普通のバスの倍疲れると言った。若い運転手が、これに憧れて入ってくるのは「かえって不思議なくらい」だそうだ。

１９６４年型といえば、国産乗用車ではプリンス・スカイライン２０００ＧＴや、ホンダＳ６００や、スバル３６０や、日野コンテッサなどの世代だ。そういうクルマには、いまでも好きで乗っている人がいる。昔のバスならではの、学ぶべき点は、じゃあ、ないのですかと聞くと、数秒考えたあと、「ないですね」と答えた。21歳からバスに乗り始めて以来、出る新型は、よくなったよくなったの連続だったという。

「たまに遊びで乗るならね……、でも、バスの場合、仕事ですから」。

こっちの予定調和を覆《くつがえ》すようなことを言われて、ちょっと困ったが、でも、こういう取材がいちばんおもしろい。

人を乗せてナンボのバスなのに、フロントのエンジンがこんなに場所をとっている。ボンネットバスが消えるのも道理か。暑い夏場はお休みを頂く。

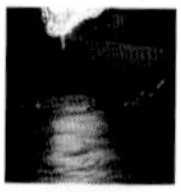

鵜飼の運転

「鵜《う》」にまつわる言い回しは少なくない。「鵜の目、鷹の目」、「鵜呑みにする」などは、国語力低下が叫ばれ続けるいまも現役の慣用句だ。

知らなかったが、「鵜の真似をする烏」という言い方もあるらしい。カラスが鵜の真似をしても、魚は獲れず、溺れるだけだ。才能のない人間が、人の真似をしたところで失敗するという、身もフタもない比喩である。

そういった鵜の性質や習性を利用して鮎を獲る伝統漁法が、〝鵜飼〟である。

全国12カ所で行われている鵜飼で、最も有名なのは、岐阜市内の長良川だ。浦島太郎のような姿の鵜匠《うしょう》が船上で鵜を扱う姿は、実際に見たことがない人でも、おぼろげなイメージとして頭の中にあるはずだ。

その絵を思い浮かべて、疑問が沸いた。船の上で、鵜匠は何をやっているのだろう。彼らは、鵜を運転しているのだろうか。

宮内庁お墨つきの漁師

バイトで鵜匠をやっている友達というのは、いないはずである。友釣りはまだるっこしいので、ワタシは鵜飼で鮎を獲っているという友達も、絶対いないはずだ。勝手に鵜匠にはなれないし、鵜飼をやることも許されていない。そもそも漁に使う海鵜そのものが禁鳥である。

1300年の歴史をもつ長良川の鵜飼には、現在、6人の鵜匠がいる。昭和に入ってからはずっとこの数だという。鵜匠は世襲《せしゅう》で、明治23年からは非常勤の特別職として、宮内庁に属している。「宮内庁式部《しきぶ》職鵜匠」の肩書きを持つ漁師である。と同時に、岐阜市と契約を結ぶ観光業従事者でもある。長良川の鵜飼は、5月11日から10月15日まで、中秋の名月の1日を除く157日間行われている。毎晩約2時間の漁は、常に見物客に公開されている。漁師でありながら、いつも仕事を人に見られている、というか、見せている。きわめて特殊な職業である。

世襲制なので、長良川の鵜匠は杉山さんと山下さんだけだ。話を聞いたのは、杉山雅彦さん（43歳）。名古屋大学経済学部を出てすぐに、父親の跡を継いだ。6人の中では2番目に若いが、キャリアは2番目に古い。すでにこの道25年近いベテラン鵜匠である。

その妙技をまずは現場で見せてもらうはずだったのだが、残念ながら取材当日は豪雨だった。漁も観光船の出航も中止にこそならなかったが、豪雨に見舞われた川は、一気に増水して、ペットボトルやレジ袋が流れてくるような最悪のコンディションだった。鵜は、篝火《かがりび》のあかりで光る鮎を、優れ

鵜飼に使われる海鵜。禁鳥のため、茨城県内の一カ所でしか捕獲が認められていない。

た視力で探し出す。だが、川がすっかり濁ってしまうと、さしもの〝鵜の目〟も役に立たなくなる。ふだんだと潜りっぱなしでカメラマンを困らせるという鵜の群れも、この晩はまるでソリをひく犬のように、前へ前へと進むばかりだった。

鵜飼の鮎はおいしい

長良川の鵜飼は、6人の鵜匠がそれぞれの舟を仕立てて、一斉に行う。出航の順番は、機会均等を期して、毎回くじ引きで決める。

長さ13mの鵜舟《うぶね》には、鵜匠のほかにふたりの船頭が乗る。鵜は一艘《そう》12羽と決められている。風折《かざおり》烏帽子《えぼし》に腰蓑《こしみの》姿の鵜匠は、12本の手縄《てなわ》で鵜をさばく。舟を操るのは船頭だが、船頭を雇うのも、鵜や舟を所有しているのも鵜匠である。杉山さんの場合、青色申告の職業欄には、父親にならって「自由業」と書いている。

そんな話を、翌日、ご自宅でうかがう。鵜匠は岐阜市長良橋の界隈に固まって住んでいる。最寄りのバス停は「鵜飼屋」、住所は「長良中鵜飼」、杉山さんの家のすぐ近くにある喫茶店は、その名も「純喫茶　鵜」。同僚が経営している。

雨はいっこうに降り止まず、この日は早々に漁の中止が決まっていた。見物客の手前、カタチだけは見せたものの、前夜の漁獲は6艘いずれもゼロだった。そんなことは1シーズンのうち、数日あるかないかだという。

庭にある小屋で、鵜を見せてもらう。漁に出すのは12羽でも、水場付きの広い小屋には20羽以上がいた。そこだけ見ると、動物園の一角である。

体毛は頬のあたりだけが白く、あとは水かきのついた足の先まで黒い。パッと見は、小ぶりのペンギンに近いが、首が長く、嘴《くちばし》は鋭い。「グエッグエッ」というつぶれた鳴き声はお世辞にも美声とは言い難い。

鵜匠から延びる手縄は、先端で「腹掛け」となって鵜の胴体に巻かれる。一方、長い首の付け根には「首結《くびゆ》い」をつける。トンボ結びでひと巻きするこのヒモが、鵜呑みにした魚をノドでせきとめる。鵜飼漁法の命綱だ。ゆるすぎると、獲物を呑み込んでしまうし、きつすぎると苦しい。指が1本入るくらいの加減で縛るのが基本だという。

首結いをむすんだノドには、鮎だと7、8匹、重さで1kg近くの魚が溜まる。一杯になったところで、舟に引き上げて吐かせる。鵜飼であがった鮎はとくに「鵜鮎」と呼ばれ、高い値がつく。噛み跡は残るが、一瞬にして鵜がシメてくれるので、味がいいのである。たるんでいかにもよく伸びそうなノドのあたりを触らせてもらうと、柔らかく、そして暖かかった。

鵜は運転できるのか

鵜と鵜匠とを繋ぐナイロン製の手縄は4mある。これを使って鵜を細かくコントロールするのだろうかと聞くと、そうではなかった。鵜が引っ張れば、伸ばしてやり、浅い瀬では短く絞る。潜らない鵜がいると、ちょっと引いて刺激を与える程度のことはするが、馬の手綱《たづな》のように、手綱を通して人間が動きの命令を伝えるわけではない。

12本の手綱は、束《たば》ねて片手で握る。鵜の体重は約3kgある。魚を呑めば、さらに重くなる。それが12羽の集団で引っ張るのだから、さぞや重いだろうし、なによりどの手綱がどの鳥に繋がっているのか、わからなくなりそうに思えるが、杉山鵜匠にはもはやそんなことは苦もないことらしい。

舟の上で最も肝心なことは〝手早さ〟だという。

「多いときは12羽全部がノド一杯にしていることもありますから、手が遅いとだめですね。ノド一杯で浮きっぱなしになるような状態をつくらないようにする。手早いということは鵜にとっても楽なんです。いかに鵜に負担をかけずに、たくさん獲るか、どこが違うんかなってところで違うんですね。単に手綱がどうのこうのということだけではないです。鵜匠自身がわかる感覚でしかわからんってとこですかね。うまい鵜匠が鵜を楽に使うなあって感じは、ちょっと見ただけでわかりますから」

魚を獲るのは、鵜である。呑めども呑めども、お腹に入ってこないことをどう思っているかは知る由もないが、鵜は人間に命令されて魚を獲っているわけではない。その習性をフルに発揮させるために、少しでも楽に働いていただく。それが鵜匠の総合的な技術ということなのだろう。

見習いのころは、一回漁に出ると、体中の筋肉がガチガチになって、歩けないくらい疲れたという。「石の上にも三年」というが、鵜飼は「3年くらいでは、とてもとても、なんともならん」そうである。それは手早さを旨《むね》とする、船上でのワザだけではない。「まず鵜を川で働ける状態にするのが、我々の仕事としては一番大事ですから」と杉山さんは言った。

正式には宮内庁式部職鵜匠の杉山雅彦さん。
長良川にいる6人の鵜匠のひとり。

名前はつけない

鵜飼用の海鵜は、太平洋に面した茨城県の海岸でのみ捕獲が許されている。そこで生け捕りにされた鵜を育て上げるのが、何にもまして重要な鵜匠の仕事である。

「最初は怖がって、触らしてもくれませんので。エエ、噛みついてきます。そんなのはしょっちゅうです」

という野性の鵜を2、3年かけて飼い慣らしていく。漁のシーズンは157日でも、鵜を育てる仕事は年中無休である。鵜飼が、鵜を使った釣りだとすると、鵜匠は釣り道具をつくることからする。しかもそれは野性の生き物なのだ。

そのかわり、この釣り道具がうまく働いているときの喜びも、並みの釣りとは別格らしい。

「多いときだと、ひと晩で何百匹も獲れますからね。いや、何百じゃきかないかな。そういうときは、当然、どんなことよりも興奮します。釣りと違って、待つ仕事ではない。短い時間で魚に対して仕掛けていく漁ですから。しかも、魚を獲ってる様子が自分の目の前で丸見えになる。だからこそ観光になるわけですけど」

不謹慎なたとえかもしれないが、入れ食い状態の鵜匠は、チューリップ開きっぱなしのパチンコ打ちに似ているのではないかと思った。いずれにしても、鵜飼はわれわれ素人が想像する以上に〝漁業〟であることは間違いなさそうだ。

鵜のエサは冷凍のホッケである。飼い慣らしたといっても、鵜は犬や猫のようにはなつかない。エサやりのときでも、掴まえようとすれば、小屋の中を逃げ回る。

だが、その逃げ回る経路が、鵜によっていつも決まっているのだという。「あれは、いっぺん水場

のところまで行って、角っこを回って、最後はこのカゴの上に乗りますよ」と杉山さんが言うと、目の前で追われる鵜は、本当にそのとおりのルートを辿って、最後、カゴの上で飼い主に捕まった。賢いのか、そうでないのか、よくわからない鳥である。言ったとおりになったことにも驚いたが、それよりもまず、その鵜がその鵜であることを認識しているのに感心する。素人目には同じ黒い鵜にしか見えないからだ。

毎日一緒に暮らしているのだから当然かもしれないが、目をつぶって、体を触るだけで、20羽を超す鳥のうちのどれなのかはわかるという。だが、名前はつけない。ちびっ子鵜匠として、ときどきお父さんの舟に乗る5歳の長男・裕規君に聞いても、名前はつけていないと言った。「ウーちゃん」とか「ピーちゃん」とか、なぜ呼ばないのか。

「いつも鵜のペースに合わせて生活していますけど、ペットじゃないですから。そういうふうにかわいらしいモノじゃないです。ヨシヨシするもんじゃない。だから、名前をつけるような関係にはならないですね。でも、生活にいちばん大切なもの、必要不可欠なもの。鵜の調子が悪くなると、鵜匠の体調も悪くなるって言われます」

海鵜の寿命は15年ほどだが、その前に病気や事故で死んでしまうものもいる。葬式はしないが、火葬にする。

「こちらのミスで亡くなったりすると、落ち込んで、なかなか治りませんのでね」

名前はつけないのに、〝亡くなる〟と言ったのが印象的だった。

ベロタクシーの運転

鈍行《どんこう》しか乗ったことがない田舎のおばあさんが、初めて特急電車に乗った。検札にやってきた車掌に、目的地まで鈍行の半分の時間で着くことを聞いたおばあさん、しかし、乗車券しか持っていなかった。この電車は特別速いので、特急券というキップを別に買ってもらうんですよと教えられると、しばらく考えてこう言った。

「車掌さん、でも、それは解《げ》せないねえ。だって、あたしゃ、電車にいつもの半分しかお邪魔しないんだろ……」

立川談志が落語の枕で使う一節である。

そんな話を思い出させる乗り物がベロタクシーだ。ＮＰＯ（非営利団体）が運営する人力タクシーである。

排ガスゼロ。環境にも人にもやさしい。両手に荷物を持って、手が上げられないときでも、舌を出せば止まってくれる。だからベロタクシー。というわけではなく、〝velo〟とは、フランス語で「チャリンコ」のことである。ベロ、出さないように。

世界の都市を走り始めた人力タクシー。初乗り500mまで、ひとり300円。ドライバーは丸見え、お客も半見え。お金より、ちょっとばかり勇気がいるかも。

１９９７年に産声を上げたのは、自転車の国、ドイツである。日本でも２００２年から京都、東京の順でサービスが始まり、すでに北は仙台から南は沖縄まで、拠点数を広げている。認知度アップのため、愛知万博のようなイベントにも積極的に参加している。

東京では最初、港区青山を中心に活動していたが、現在は中央区丸の内を基地に約10台が運行している。といっても、ＮＰＯ法人だから、ガツガツ儲けるタクシーではない。

営業時間は12時から6時まで。安全を考えて、夜は走らない。車体広告が見えなくなってしまうという理由もある。運行エリアは、千代田区、港区、中央区が主だが、流れの速い国道は走行しないなど、自主規制も多い。なにしろ人力だから、アシは遅いし、短い。だれでも乗れる公共交通機関とはいえ、自動車タクシーの〝代わり〟にはならない。だから、比べてはいけない。むしろ、タクシーの概念を根本から覆す乗り物といえる。

乗車定員は2名。料金は初乗り５００ｍまで、ひとり３００円。それ以降は１００ｍにつき50円ずつ加算される。料金を人数分申し受けるのは、ドライバーの肉体的負担を考えてのことである。

１台１００万円のドイツ車

丸の内3丁目の交差点で、ベロタクシーと落ち合う。やってきたのは、宝酒造のラッピング広告を身にまとった1台だった。

ドライバーは上遠野《かとうの》渉《わたる》さん（27歳）。東京での発足と同時にドライバーを始め、現在はサービスコー

TaKaRa
www.takarashuzo.co.jp
焼酎ハイボール

ディネーターの肩書きをもつベロタクシー・ジャパンの社員である。

スマートをもっとスマートにしたような車両は、ベロタクシー本部のオリジナルである。つまり、ドイツ製だ。ごっついスチールフレームの3輪自転車に、硬いポリエチレン製のボディが架装してある。ドライバーの後方にある客席は横二人がけ。東南アジアでよく見かける3輪人力タクシーのモダンなやつと思えばいい。ちなみに、車両価格は輸送費込みで1台約100万円とか。

間近で見ると、けっこう大きい。小径に見えるタイヤも、19インチある。ボディ全長は約3m。スマートより50cm長い。幅は110cmと細身だが、全高は175cmある。車重は144kgに達する。そのため、シマノのMTB用21段ギアのほかに、12V鉛バッテリーによる電動アシスト機構を備えている。

ドイツ車とあって、止まる性能もぬかりない。フロントの1輪は自転車用のリムブレーキだが、後ろは左右両輪に油圧ディスクブレーキが付く。しかも、F1マシン御用達のブレンボ製である。スムースな小回り性を考えて、デファレンシャルギアも付いている。

ポリエチレン打ちっ放しの客席に乗り込む。座席は幅1mほど。ひとりなら広々だ。屋根はついているが、透明ビニールのスクリーンを隔てた前方は素通し。冬場は客席にブランケットが備え付けてある。

天気は晴れ。暑からず寒からず。絶好のベロタクシー日和《びより》である。東京タワーまで行ってもらうことにする。

一段低い位置に座るドライバーの脚が回り始め、動き出したとたん、頬がゆるむ。自分はなんにもしていない。ただ座っているだけなのに、音もなく景色が動く。しかも、とびきりゆっくり動く。いちばんストレートな感想は「ウッソー」だ。丸の内のオフィス街が、一転、遊園地に変わって見える。

平坦路での速度は、出ても10km/h台前半。歩道を走るおばちゃんのママチャリのほうがずっと速い。とくに走り出しはノロイ。江戸時代のカゴにも軽く置き去りにされるだろう。でも、そのスピード感が、何度乗っても新鮮だ。

もちろんそれだって、ドライバーは必死である。車重プラス大人ふたりでも、250kgはかるく越えている。重量級のお客をふたり乗せれば、350kgほどになる。360cc時代の軽自動車に近い重さをひとりで動かすのである。現在、25人ほどいるドライバーは20代が中心。最高齢でも31か2だという。

自転車といっても、サドルにまたがるのではなく、背もたれ一体式の小さなシートに腰かけて、足を前に蹴り出すようにしてこぐ。寝そべって乗るリカンベントに近い運転ポジションである。

ペダルの回転中心はシートよりずっと前方にあるので、立ちこぎは絶対にできない。軽いギアで脚をクルクル回すのが基本だ。力ではなく、脚の回転で走らせる。ロードレーサーやMTBのようなスポーツ自転車と同じ要領である。

そのほか、うまく運転するコツは?と聞くと、ベテランの上遠野さんは「チェーンを斜めにしないこと」と言った。自転車門外漢にはチンプンカンプンだろうが、これもスポーツサイクリストならわかるはずだ。

クランクに直結したフロントギアは3枚ある。ドリブン側の後ろは7枚。つまり、前より後ろのギ

スピードは歩道を走るママチャリより遅い。ただ、ドライバーが無愛想でアタマにくることは絶対ない。

アセットのほうが厚みがある。それを組み合わせて、全21段になるわけだが、駆動系のためにやってはいけない組み合わせがある。

たとえば、前をいちばん軽くしたまま、後ろをいちばん重くする、もしくはその逆。これだと、上から見たとき、チェーンラインが斜めになってしまう。そうなると、チェーンやギアや変速機に異常な負荷がかかって、ギア鳴りや歯飛びを起こす。チェーンが外れることもある。それを防ぐために、なるべくチェーンをまっすぐに使う。そうなるギアの組み合わせ選ぶ。指導的立場にある上遠野さんは、21段のうち8つしか使わないように教えているそうだ。

劇場型タクシードライバーの悩み

道路交通法上、ベロタクシーは自転車やリヤカーと同じ軽車両の扱いである。車道をキープレフトで走るのが原則だ。

上：安全に走るために、ボディランゲージを多用。
下：後輪にはデフもディスクブレーキも付いている。
電動アシスト機構も標準装備。

駐車車両や工事などで道が狭くなっていると、完全に後方のクルマをブロックしてしまうこともある。だが、この日もクラクションを鳴らされることは一度もなかった。東京の自動車タクシーも、思いのほか温かい目で見てくれるらしい。

ウインカーは後ろに付いているが、前にはない。ちょっと進路を変えるときでも、手を出して合図を送る。そのきびきびしたしぐさがカッコイイ。最大の敵は駐車車両なので、取締り強化以降は「きもち走りやすくなった」という。

交差点を右に曲がるときは、二段階右折方式。道路をまず向こうへ渡ってから、右に向きを変える。そのとき、上遠野さんは半身をボディに残したまま、片足で地面を蹴って、ベロタクシーをサッと90度ターンさせた。粋《いき》な船頭さんみたいでカッコよかった。

ベロタクシーがそこにいると、視線を向けない人はいない。常にスポットライトを当てられているような状態だから、ドライバーもそれに応えて、〝見せる運転〟を自然と覚えるのだろう。恥ずかしがり屋にこの仕事はできない。

目的地に東京タワーを選んだのは、周囲に坂があるからだ。でも、そんなに長い坂道ではないので、電動アシストを使いながら、あっさり上りきってしまう。スイッチはハンドルバー右側のグリップにあり、バイクのスロットルと同じく、握ったまま手前にひねると、ペダルを回す力にモーターの駆動力がプラスされる仕組みだ。

ただし、エネルギーの回生機構はないため、上り坂や発進時にアシストを使い続けると、30分ほどでバッテリーがカラになる。数年前、青山のホンダビルから原宿駅まで乗ったベロタクシーは、最初からアシスト機構が壊れていた。ドライバーはそれでも果敢にイトキンビルの急坂を上ってくれたが、後ろから見ても、息が上がっているのがわかって、気の毒だった。しかも、上りきる手前でチェーンが外れた。拠点を青山から丸の内に移したのには、アップダウンが少ないという理由もあるのだろう。

料金メーターはついていない。目的地に着くと、地図に専用のメジャーを当てて換算する。実走距離ではなく、二点間の直線距離で計算するのだから太っ腹だが、丸の内3丁目から東京タワーまで、2・5㎞で1700円。時間は30分以上かかった。後日、同じ2点間を中型タクシーで走ったら、9分で到着し、料金は1140円だった。

だから、比べちゃいけないのだが、タクシーと名がつけば、普通の人はどうしたって比べてしまう。衆人環視のもとで乗る、いわば劇場型タクシーなので、お客の側にも少なからず覚悟と勇気がいる。なかなか気軽には使ってもらえないのがドライバーの悩みである。

「以前、六本木でやっていたとき、けやき坂を上ったり下《お》りたりしながら、六本木ヒルズの回りを流していたんです。でも、ぜんぜん声かけてもらえない。3周やってもダメ、5周でもダメ、10周超えたときには、よーし、ここまで来たら、もう声かけられても乗せるまいと思いましたよ(笑)。それで結局、20周以上、走りました」

ＮＰＯの収入は、もっぱら車体の広告による。運賃は100%ドライバーのものになる。上遠野さんの場合、水揚げのベストが2万2000円。6時間の営業でそれなら立派だと思うが、一方、1000円がやっとという日もある。〝ロング〟のお客さんは少なく、丸の内からだと、初乗り300円の大手町までというリクエストがいちばん多い。業務委託のドライバーだけで食べていくのはむずかしいそうだ。

しかし、タクシードライバーとはいえ、二種免許は必要ない。自動二輪か普通免許があれば運転できる。

クルマの来ない裏通りでちょっとこがせてもらった。ハンドルをいっぱいにきってUターンすると、ロンドンタクシーのように、まさか！と思うほど小回りがきく。アシスト機構は、もうママチャリでおなじみなので、驚きはない。軽いギアでペダルをクルクル回しても、軽快さはない。3輪車だから、重心移動でヒラヒラ向きを変える自転車の爽快感とも無縁である。

だから、ベロタクシーは運転するより、乗せてもらうに限る。短い移動のあいだにこれほどリフレッシュできる公共交通機関はない。こんなに遅いのに、こんなに素早く気分をリセットさせてくれる乗り物はない。そう考えると、運賃はマッサージ料みたいなものである。

本物の制御室と寸分たがわずつくられたシミュレーター室。運転員の訓練もここで行われる。

原子力発電所の運転

原発を止めさせてもらった。

ぼくが操作したのは〝原子炉モードスイッチ〟である。広大なコントロールパネルの中央にある長さ15cmほどのコックだが、金色に輝く取っ手が、いかにも重要操作部品であることを主張している。

「本当にいいんですか?」

念を押して、コックをひねろうとすると、「アッ」っと声がして、すぐに若い運転員の手が延びた。付け根にあるロックキーが解除されていなかったのだ。

再び取っ手を握り、思いきって回した。電気スイッチなので重くはないが、確かなクリック感があった。

すぐにピコピコピコという電子音のアラームが鳴り始める。部屋中に緊張が走った。

「はい、いま制御棒がぜんぶ入りました」

運転員に促されて、右上方の壁面を見ると、それまで1100メガワットだった出力計のデジタル表示が見る間に減っていく。

「原子炉の熱出力も、もうほとんどゼロになっています」
「緊急停止でこうなると、たとえ夜中でも、わたしども広報しないといけないわけです」
広報マンが如才なく付け加えた。かくして、福島第2原発は運転停止に入った。ただし、シミュレーター室での出来事である。

窓のない運転室

原発の運転について知りたい。東京電力に申し込むと、快く取材を受けてくれた。福島第2原子力発電所は、東電管内にある3つの原発のうちの一つで、太平洋に面した広大な敷地に出力110万kWの沸騰水型軽水炉4基をもつ。

実際に運転している現場を見たい。できれば、原子炉の建屋の中にも入ってみたい。とリクエストしたが、それらはいずれも叶《かな》わなかった。1982年にできた福島第2も、以前は所内を可能な限り見学者に開放していたが、9・11以降のテロ対策で状況は一変する。パンフレットに施設の配置図すら描けない時代になった。来たときも、正門に装甲車がいたので驚く。

そんなわけで、代わりに案内されたのが、原子炉建屋から離れた研修棟にあるシミュレーター室である。所内に唯一残された見学施設だ。といっても、子どもだましの〝趣味レーター〟ではない。9億円をかけてつくった施設には、2号機の操作系統が忠実に再現され、運転員の訓練や教育にも使われる。実機でトラブルを経験したパイロットが「シミュレーターと同じだった」と振り返るフライトシミュレーターの原発版といえる。

黄緑色の操作パネルがくの字型に配置されたシミュレーター室は、広く、明るい。しかし、本物と同様、ここにも窓はひとつもない。明るさはもっぱら照明がつくっている。

ベースロードの電力を担う原発は、定格出力のフルパワーで24時間休みなく運転するのが基本とされている。リスクを伴う原子炉の停止や起動は可能な限り避けたいという、原発固有の事情もある。需要に応じたフレキシブルな対応は、もっぱら火力や水力発電所の調整で行う。そのため、原発の運転室は常に昼間のワーキングタイム環境なのである。

本物の中央制御室には、2号機用と対をなすかたちで1号機の操作盤が配置され、その2プラントを1班10名の運転員チームで担当する。当直長を筆頭にしたチームはぜんぶで6班あり、1日3交代で任務にあたる。

原子炉がスクラムしたら

原子炉で高圧の蒸気をつくり、それでタービンを回して発電するのが原発である。火力発電はボイラーで重油やガスを焚くが、原発は熱エネルギーを原子炉内の核分裂で得る。発電の出力はそう変わらないが、保護系統や非常系統が違う。

話を聞かせてくれたのは、発電グループマネジャーの北得治課長(52歳)。火力発電所で12年働いたあと、原発で26年のキャリアをもつベテランである。

金色に輝く原子炉モードスイッチ。レバーを動かすためには、キーがいる。

無数と言いたくなるほどのメーターやスイッチやモニターが埋まった操作盤だけを見ても、素人のこっちは取りつく島がない。本物の制御室の中は、いまどうなっているのだろうかと、フト思った。あわただしいのか、静かなのか。忙しいのか、ヒマなのか。

「いや、粛々とやっているはずですよ」。北さんは答えた。

運転員の役目は、簡単に言うと、常時の監視と、非常時の対応だという。1時間に1回、原子炉の熱出力のデータをとるなど、保安規定で決められたルーティンワークをこなす。非常用のポンプやバルブや計器などが健全かどうかをチェックする定例試験もある。

原子炉が自動停止することを〝スクラム〟と呼ぶ。そうした非常時の訓練はこのシミュレーターで行う。

そうすると、炉心溶融なんかもシミュレートできると？

「それに近い訓練はできます。つまり、ＥＣＣＳ（非常用炉心冷却装置）のポンプがすべてだめで、電源もすべてだめ。それが長時間続いて、原子炉に水を入れられないような、多重事故の模擬ですね」

上：沸騰水型軽水炉4基をもつ福島第2原発。
下：制御棒監視操作モジュール。185本の制御棒の出し入れをここでコントロールする。

福島第2ではまだ一度もないが、震度5程度以上の揺れを感知すると、原子炉はスクラムする。そうなったら、運転員は何をするのかと聞くと、専門用語を使った答が返ってきた。むずかしいので、ここには書かないが、大事なことは以下の3つである。

まず原子炉が完全に止まったことを確認すること。炉の中に水を入れて、冷やすこと。放射能洩れが起きないように、格納容器内に放射性物質を閉じ込めること。火を落とせば終わりの火力発電にはないケアである。

「でも、実機のスクラムはほとんど経験しません。わたしも一度だけです。といっても、プラントは生き物ですから、何があるかわからない。だから、制御室では常に緊張しています」

4機あるプラントは、ローテーションを組んで13カ月に1回、定期点検を行う。そのための停止や起動も、運転員にとっては大イベントだ。

停止の場合、予定曲線に従って、次第に出力を落としてゆく。夜中の0時に止めるなら、18時ごろから徐々に出力を絞ってゆく。起動はさらに大変で、通常、5日をかける。前述のモードスイッチを握る運転員も、毎回、その瞬間は緊張で手が震えるそうだ。

そんな仕事をする人間には、どんな資質が求められるのだろうか。しばらく考えた北さんから返ってきた答はちょっと意外だった。

「普通でいいんです。ぜんぜんむずかしいことはないですから。特別なテクニックがいるかというと、ほとんどいらない。職人的な技術は一切必要ないんです」

そのあと、ラックに入った手順書を見せてもらって少し納得した。操作時に必ず使うマニュアルだ。トラブル対応用だけでも、10㎝ほどのバインダーが4冊。すべて合わせると、15〜16冊になる。これらのマニュアルの定められた手順を愚直なまでに実行できること。原発の運転員にはなによりそれが大切ということだろう。

高卒の新入社員が運転員になるには、まず約1年の研修を経てから補機操作員になり、現場の仕事に習熟する。7、8年ほどで主機操作員の社内認定に受かると、中央制御室でのオペレーションができるようになる。現在、ここには120名の運転員がいる。平均年齢は30代後半。女性はたったひとりである。

原発運転員の悲哀

プライベートビーチをもつ4棟の原子炉建屋は、高さ60m。ビルなら12〜13階建てに相当する分厚いコンクリートの箱である。その中に原子炉格納容器があり、さらにその核心に原子炉圧力容器が鎮座する。高さ約23m、厚さ16㎝の鋼鉄でできた大きなカプセル状の容器が、いわば原発のボイラー部分である。

中には酸化ウランのペレットを詰めた燃料棒が入っている。一方、林立する燃料棒の隙間には核分裂反応をコントロールする185本の制御棒が通る。実際には垂直に下から入る。挿入すれば、核分裂は弱まり、引き抜けば強まる。クルマで言うと、ブレーキでもあり、またアクセルでもある。全部抜けばフルスロットル。スクラムでは一気に全挿入される。

制御棒は185本を個別にコントロールすることもできる。1本の長さは約4mで、挿入量は24段階に調節できる。

原子炉モードスイッチのすぐ前にあるモニターに、真上から見た燃料棒の〝番地〟が表示されていた。実機では、1週間に一度、2晩かけてすべての燃料棒を1ポジション動かして作動確認するという。せっかくだから、シミュレーターでもやってもらう。全引き抜きだった1本を1ポジションだけ挿入すると、「1100」メガワットの出力計がすぐに「1090」に落ちた。

もっといろいろな運転を見せてもらいたかったが、次の見学者グループに追い立てられて、タイムアウトになった。

原子力発電所の場合、「停止」とはすべての制御棒が全挿入されたことを言う。逆に「起動」は制御棒の最初の1本を抜くことを指す。

「さびしいことに、原発だと発電機のほうはぜんぜん注目されないんですよ」

北さんの話でいちばんおもしろかったのは、このくだりだった。「発電してんのに、まったくモー」という、原発運転員ならではの悲哀かもしれない。

レインボーブリッジへのループをゆくゆりかもめ。4～5分間隔で走る列車はすべて無人運転である。

ゆりかもめの運転

東京の絶景のひとつが、レインボーブリッジである。長さ約８００ｍ、海面からの高さ50ｍ。芝浦と台場を結ぶ巨大な吊り橋だ。

外から橋を見上げてもスゴイし、橋から外を見下ろしてもスゴイ。人工的な都市景観に「世界遺産」の制度があったら、東京に住む日本人としてはまず真っ先にここを推薦したい。

そのレインボーブリッジをゆく公共輸送機関が、新交通システム〝ゆりかもめ〟である。東京都と民間による第三セクター方式で運営される臨海副都心のマス・トランジットだ。首都の新しい観光名所としてすっかりおなじみになった〝お台場〟へのアシである。

芝浦ふ頭の駅を出たステンレスカーは、全線随一、50パーミル（１０００ｍ進んで50ｍ上がる）の急勾配を上ってレインボーブリッジ西詰のループに躍り出る。高い橋との高低差を解消する、海上の螺《ら》旋《せん》路だ。

ゆっくり上りながら３６０度ターンをするあいだに、これから渡る橋の全貌が見渡せる。そのスケールの大きさたるや、圧巻である。よくもよくもこんな建造物をつくりやがったものだと思う。

27

上下2層構造の橋は、上に首都高速11号台場線が走る。下は、ゆりかもめと臨海道路だ。有料の首都高に対して〝ビンボーブリッジ〟の異名をとる一般道は、網のフェンスを隔てて、ほぼ同じ平面を行く。青天井の首都高と比べると、橋の1階は暗く、眺めも悪い。車内で視線を泳がせていると、併走するクルマのドライバーと目が合ったりする。

だが、ゆりかもめには運転士も車掌も乗っていない。乗客は無人運転の電車で運ばれている。

無人の完全自動運転

朝7時半、豊洲《とよす》から新橋行きの上り電車に乗る。

ゆりかもめの車両は長さ9m、幅約2・5m。一般の鉄道車両と比べるとかなり小ぶりで、とくに長さは山手線用車両の半分もない。6両1編成の定員も350名ほどだ。

そのせいもあって、新橋から乗ると、最近は平日の昼間でもけっこう混んでいる。先頭車両の最前席は競争激甚で、足を運ぶ気にもならないが、この時間はまだガラガラの貸し切り状態である。最後尾まで見通しても、1編成に数えるほどしかお客の姿はない。

録音の女性アナウンスに送られて豊洲駅を出た電車は、コンクリートの走行路を静かに走り始める。有人運転なら運転士しか拝めないはずの眺望をしばしかぶりつきで味わう。

高架の専用道、ゴムタイヤ、自動運転。鉄道とバスとの中間に位置するような新交通システムは、ざっとこの3要素を共通項にする。ゴムタイヤは鉄輪よりも急勾配に強い。高架路線なら、新たに地ベタを買収するよりも安く上がる。さらに、コンピュータ制御の自動運転はコスト削減の王様だ。

あらためて観察すると、当たりのソフトな乗り心地はたしかにゴムタイヤ的である。1両を4本で支えるタイヤは、315／70Ｒ20というサイズのヨコハマ製。中子《なかご》付きのランフラット構造で、窒素ガスが充填されている。

このときはほとんど空荷(?・)だったせいか、細かい横揺れをいつもより感じた。しかし、特徴的な乗り心地は側方案内方式というシステムに起因しているようだ。

走行路の両サイドにレールを横に寝かしたようなＨ断面の軌条が設置してある。台車から横に突き出すガイドがこれに沿って、車両が導かれる。いわば横っ腹にレールがあるのだ。パンタグラフにあたる集電装置も側面接触式で、台車の左サイドに備わる。

「非常の際はインターホンでお知らせ下さい。ゆりかもめは自動運転中です」という案内が車内に出ている。だが、車両右側最前席の前にあるカバーを外せば、ワンハンドル式の運転台が現れる。車両基地の中では、運輸区の係員が、マニュアル運転をしている。

しかし、ＡＴＯ（列車自動運転装置）の腕前はなかなか見事である。停車も発車も加減速もスムースだ。無人運転でも不安を与えないのは、絶対スピードが高くないということも大きいだろう。

新橋と豊洲を31分で結ぶこの路線は、全線14・7㎞に16の駅がある。平均駅間距離は９８０ｍ。最も短い新橋〜汐留間は４００ｍしかない。大小のカーブも多い。単純に運転距離を運転時間で割った表定速度は30㎞／ｈに届かない。最高速の信号は60㎞／ｈだが、臨海副都心は殺風景なので、実際はもっとスピード感に欠ける。

中央司令所にある運行表示盤。列車の運行状況がリアルタイムでわかる。

ホームに乗客がいると、必ずといっていいほど先頭付近に立っている。眺望ひとり占めの特等席狙いに違いない。あまり独占しては申し訳ないので、豊洲から4つ目の有明駅で降りた、わけではない。ここには車両基地があるのだ。

ワルイことはできない

有明駅と引き込み線で繋がれた車両基地には、6両×26編成の全車両が属している。そのため、いちばん早い始発電車は、上下線いずれも有明発である。

出庫してゆく電車は、出入庫点検台で検車係によるチェックを受ける。異常なしが確認されると、そこからは自動運転で出てゆくが、始発電車の先頭車両には必ず係員が添乗する。夜のあいだに走行路になにか異常が起きていないかを目視で点検するためだ。

自動運転中の全列車を監視、制御するのは、指令区のスタッフが働く中央指令所である。所内の設備は、

有明の車両基地。１日の営業が終わると、全車両が帰ってくる。

電力卓、車庫管理卓、運行管理卓などに分かれている。だが、天井の高い中央指令所に足を踏み入れて、まず目を見はったのは、運行管理卓にあるモニターの数だった。小が22個。大が4個。そこに各駅のホームや沿線の一部に設置された監視カメラの画像が映し出されている。新橋、豊洲、有明などの主要駅を除くと、原則として駅員は常駐していない。代わりに〝目〟となるのがこれらの監視カメラである。ここからズーミングもできる。ホームや車内にアナウンスも流せる。ゆりかもめでワルイことはできない。

だが、車両の内外に〝目〟はついていない。取材の何日か前、イベントで神宮球場に降りるはずのパラシュートが、強風に煽られて赤坂御用地に不時着するという事件が起きた。あれがゆりかもめの走行路だったら一大事だった。迫り来る電車にいくら手を振ったところで、止まってはくれないのである。

そのかわり、まさに空から降ってでもこない限り、ゆりかもめの進路を人間が妨害するのはむずかしい。全線高架の走行路は、低いところでも地上10mの高みにある。レインボーブリッジの道路並行区間は、左右も上も金網で完全に囲われている。すべてのホームにはホームドアがある。自動改札を抜けた犬が、ホームドアと車両のドアをくぐって電車に乗ることはできても、走行路に降りるのは不可能だという。電車の進路を完全なクローズドエリアにするのが、自動運転の前提条件である。

ズラリ並んだモニターの下には運行表示盤がある。電車がいま全線のどこにいるのかがひと目でわかるディスプレイだ。朝夕のラッシュ時だと、運転間隔は最短3分まで詰まる。いちばん多いときで、上下線に21本が走る。

システム定数を選択して、「実行」をかけます

電車はあらかじめ入力されたプログラムで自動運転を行う。乗客の増減による荷重の変化に応じて動力や制動力を調整するのもオートマチックだ。

途中駅では通常、25秒でドアが閉まる。ラッシュ時などにドア開け時間を長くしたいときは、運行管理卓にある〝出発抑止操作盤〟で自動運転に介入する。指令が日常的に行う仕事だ。「30秒」が1、「35秒」が2、「40秒」が3。CRTモニター画面でこのシステム定数を選択し、駅を指定して実行をかける。

40秒にすると、定時より15秒遅れることになるが、走行中のいわゆる「回復運転」はしない。遅れは終点の停車時間で吸収する。この程度の遅延なら、遅れた電車に合わせて、後続を遅らせることもしない。定時で走れるものは定時で走らせる。自動運転のプログラムを複雑にしすぎないためだろう。取材していたのは平日の午前11時過ぎ。いちばん遅れている電車でも、8秒だった。

そのほか速度介入も自由にできる。強風のときなどには、区間や列車を指定してスローダウンさせる。もちろん全列車を止めることもできる。

一方、駅を通過させるコマンドは出せない。ドアの開閉をさせないことはできるが、ノンストップ

で走らせる機能はない。駅では止まるのが基本だ。

人員配置は電力卓に1名、車庫管理卓に1名、運行管理卓に2名。中央指令所の広さからすると、いかにも人間は少ない。しかし、指令区には20名のスタッフがいる。㈱ゆりかもめの社員の約10分の一だ。

取材に応えてくれた指令区長の渡辺善行さんは、東京都交通局から出向している。以前は都営地下鉄の運転士だったから、電車のマニュアル運転はお手のものだが、操縦者免許を持っていない人でも、ここで指令の職には就ける。

この仕事で経験を積むと、身につくのは判断の早さだという。自動運転に任せておけない事態が発生したとき、監視カメラなどの情報から状況を把握し、対策を立て、コンピューターにコマンドを打ち込むことで対応する。場数を踏むにつれて、そこまでの導通がスピーディになるということだろう。

ゆりかもめが1年でいちばん混むのは、夏休み、東京ビッグサイトのコミックマーケットとお台場花火が重なる日である。そのときの指令たちの働き方、動き方といったら、部外者にはまったく何をやっているのかわからないと、広報担当者は言った。耳にインカムをつけ、パソコンのキーボードを叩き、なにやら紙を投げつけたりしている為替ディーラーの〝絵〟が頭に浮かんだ。

端から見て、ときに何をやっているのか見当がつかないような仕事に支えられて、ゆりかもめは運転されている。レインボーブリッジを唯一、無人運転で渡る乗り物に、また少し親近感が湧いた。

自転車メッセンジャーの運転

いまや東京名物のひとつになった自転車メッセンジャー。Tサーブは、自転車やタイヤの名前にもなっているこの業界のパイオニアだ。

「赤坂のアーク森ビルの裏の坂道なんかいいですね。とくに春は、満開になると桜のトンネルみたいになるんですよ。夜はライトアップされて、ますますきれいだし。あと……、女子校の近くだと、やっぱり気合い入ります、信号待ちのときなんか(笑)。でも、最近はもうチヤホヤされないです。原宿あたりで修学旅行の中学生がいると、たまに〝出たァ!〟とか言われますけど」

都内を走っていて、気持ちのいいところはどこですかと聞くと、テルさんはそんなことまで話してくれた。自転車メッセンジャー、Tサーブのライダーだ。

自転車で書類を運ぶメッセンジャーを初めて見たのは、20年以上前、NAVI創刊号の取材で訪れたニューヨークだった。停止線を無視してクルマが突っ込んでしまうため、信号があっても交差点が機能しなくなってしまう。いわゆる〝グリッドロック〟が大きな問題になり始めていたマンハッタンで、渋滞の車列を縫うように走っていたのが自転車メッセンジャーだった。

ドライバーの注意を喚起するために、口にくわえたホイッスルをピーピー吹きながら通り抜けていくライダーもいる。こっちはオノボリさんなので、最初はその音を聞くたびに車内でビックリした。

Tserv.
242
03-3407-3007

まさかこの商売は、日本にはくるまいと思った。とんでもなかった。さすがに笛でクルマを恫喝《どうかつ》する強引さは日本人にはないけれど、メッセンジャーバッグを背負い、スポーツサイクルを飛ばす職業ライダーは、いまや東京都心部の風景の一部といってもいい。そのパイオニアがTサーブである。

設立は平成元年の1989年。現在、約180名の登録ライダーを抱える同社は、自転車による配送業としては最大手である。99年に公開された草彅剛主演の映画『メッセンジャー』のモデルになったことでも知られている。

喧噪のディスパッチャールーム

世界一過密な東京の中心部で、さまざまな人がさまざまな〝運転〟をしている。そのなかにあって、スポーツサイクルを仕事で運転するのが、自転車メッセンジャーだ。

書類や冊子のような比較的軽い荷物を、近距離に届ける。だから、高機動性とローコストの自転車が生きる。クルマが自由を失った大都会ならではのお仕事といえる。

証券会社、銀行、広告代理店、出版社などを主な得意先にするTサーブは、港区、千代田区、中央区、渋谷区を主たるテリトリーにしている。荷物のピックアップはこの4区に限られるが、配送先は23区内外に及ぶ。距離が長くなると、さすがに自転車で運ぶアドバンテージは薄れるため、直線距離で7㎞を超える配送の場合は、スクーターの出番になる。しかし、受注の8割は自転車がこなす。

ピックアップから1時間以内に届ける「1時間便」の料金は、たとえば4㎞だと1850円。距離

1㎞につき250円増しになる。そんなに急がなくていいという顧客のための「2時間便」だと割安になり、届け先が前記の4区内なら一律1100円。注文の平均単価は1500円ほどだという。

Tサーブはメインテリトリーのほぼ真ん中、港区西麻布にある。アマンドの六本木交差点とは1㎞ほどしか離れていないのに、そうとは思えないほど下町風情の残る静かなところだ。

周囲の道は狭く、入り組んでいる。配送業といっても、使う機材は二輪車だから、それでも差し支えないわけだ。普通のマンションに見える本社ビルのほかにも、近くにガレージなどの施設がある。

「Tサーブの秘密基地」のような雰囲気が漂う一角だ。

ライダーの話を聞く前に、広報担当の山岡雄介さんに社内をひととおり案内してもらう。昼過ぎの、ちょうど人の出入りがないときとあって、ライダーの控え室も、自転車置き場も閑散としていた。

しかし、そんな静かな社内見学が一変したのは、ディスパッチャールームに足を踏み入れたときだった。

朝8時半から深夜0時までの営業時間内に、多いときで2500件を超えるオーダーが入る。それに応えて、ライダーに指示を出すのがディスパッチャーである。簡単に言えば配車係だが、やっていることはゆめゆめカンタンではない。

パソコンと無線機を備えるディスパッチャーのデスクは、全部で10席ある。Tシャツに短パンといったラフなスタイルで、パイプのハイチェアに座った彼らは、パソコンの画面を睨みながら、ほとんどひっきりなしに無線でライダーとやりとりしている。デスクの近くは、山岡さんの説明が聞き取れないほどうるさい。

都内のあちこちに散るメッセンジャーたちを"運転"するのがディスパッチャーだ。

20人近くいるオペレーターが取り次いだ注文はコンピューターに入力され、隣室のディスパッチャー用パソコンに次々と表示される。ピックアップや届け先などの情報を元に、最も適当なライダーを選んで仕事を振ってゆくのがディスパッチャーである。つまり、自転車メッセンジャーというシステムを運転するのが彼らである。ライダーのテルさんによると、ディスパッチャーは、ある意味、DJのようなものだという。「DJがいいと、こっちもノッテくる」というわけだ。

このときは130人のライダーが都内に散っていた。その位置を時々刻々知らせる電子情報板のような機械があるわけではない。各ライダーが、いまなにをして、どこをどのように走っているか、それは無線で情報を集めている10人のディスパッチャーの頭のなかに〝絵〟としてあるだけだ。

集荷したライダーが必ずしも目的地まで配送するとは限らない。動線などの関係で、別の人に荷物をバトンタッチすることもある。長距離の場合は、途中でスクーターに引き継ぐことも多い。そうしたコーディネートもすべてディスパッチャーが考え、指示を出す。単に熟練の仕事というだけではない。複数のモノゴトを立体的に捉える数学アタマがないと務まりそうもない。数学アタマゼロの筆者はそう思った。

ディスパッチャーデスクには〝R〟の文字を掲げた席がふたつある。〝ルーキー〟の頭文字である。入ったばかりの初心者は、専門のディスパッチャーが面倒をみる。

現場の全員が使う地図は、ワイドミリオンの1万分の1である。ディスパッチャーやベテランライダーともなると、地図を見る必要もないほど4区内の地理には精通している。それも並みの精通ではない。おかげで、仲間内の飲み会などで待ち合わせしても苦労しないそうだ。

「たとえば、神保町の交差点といっても、カメラのきむらや側なのか、岩波書店側なのか、お互いすぐそこまで頭に浮かびますから」

撮影のために力走してもらう。でも実際は、立ちこぎするメッセンジャーをあまり見かけた記憶がない。

ベテランほど飛ばさない

アルバイト契約が基本のライダーは、スキルに応じてルーキー、ミドル、シニア、プロに分かれている。現在、登録している180人のうち、プロは約50人、シニアは50～60人。900円から始まる時給は段階的に上がって、プロでは1400円になる。

5年前からTサーブで働く「テルさん」こと、黄田昭彰さん(31歳)は、プロの上の〝マスター・オブ・プロ〟である。いちばん若くて19歳、平均年齢でも20代前半のライダーとしては最年長に近い。最近、正社員になり、新人の教育も担当している。毎週のように入ってくるルーキーライダーを一度に5人くらい従えて、接客や地理や走り方を教えるのである。

以前、東京駅八重洲口から神奈川県横浜市の鶴見まで仕事が入ったことがある。片道25㎞。ディスパッチャーがスクーターと勘違いしていたのが原因だったのだが、その日は1日で160㎞以上走った。それがテルさんの最長不倒距離である。

普通、こんなに走ることはないが、それでも、体力はないと務まらない仕事だ。自転車に乗るのが、最良のトレーニングになるとはいえ、毎日走っていれば疲労も蓄積する。食事や睡眠など、ふだんから体の管理を心がけないと、この仕事は続けられないという。

マスター・オブ・プロだけあって、もちろん彼は運転の達人である。昼夜を分かたず、東京のど真ん中を自転車で走っていて、まだモノにも人にもクルマにもぶつかったことがない。秘訣を聞いてみた。

「まず、臆病なのがいいと思いますね。それと、具体的には視野の広さですか。ほかのライダーに比べて、ぼくは後ろを振り返る回数がすごく多いらしいんです。西麻布から六本木の1㎞で、十何回も後ろを見る。そうやって、自分とまわりの関係をいつも確認しています。前方は全体的にボヤンと見ればいい。一点だけ見て走るのは絶対危ないです。あとは、想像することですね。建物やクルマの陰から、何かが飛び出してくるかもしれない。空車のタクシーだったら、急にあの歩道に寄せてお客を拾うかもしれない。お客が乗っていたら、信号待ちでドアが開くかもしれない。常に先々を読んで走る。自分がうまいなんて、ぜんぜん思っていません。ただ単に、いままで運がいいだけで、今日、事故るかもしれませんから」

自転車で走っていて、最も危険なのは、ハチの巣をつついたようになる夜の六本木通りだそうだ。無闇に飛ばさない。平均20㎞／hくらいですかねえと考え込んだのは、自転車にサイクルコンピューターすら付けていないからだ。その日の最高速や走行距離をチェックするような自転車オタク的メンタリティは無用ということか。

実際、ベテラン・メッセンジャーになるほど飛ばさなくなるという。それよりも、たとえばセキュリティの厳しい大型オフィスビル内の集配先で、滞在時間をいかに短くすませられるか、そうした要領のよさのほうがものをいう。

テルさんはこの5年で4台の自転車を乗りつぶした。ロードレーサーのクロモリ・フレームでも、きまってダウンチューブに亀裂が入ってしまう。週末オンリーのホビーライダーでは考えられない話である。東京を走って稼ぐのは、やはりとびきりタフな仕事なのだ。

ライダーの採用は「30歳まで」だが、かつてTサーブには73歳まで現役を続けた名物メッセンジャーがいた。その記録を追い越すのが彼の目標だという。

40年後、巣鴨とげぬき地蔵の信号待ちで〝気合い〟を入れているテルさんがいるかもしれない。

モーターパラグライダーからの視界。上昇、下降は自在、ゆっくり飛べるし、低くも飛べる。そこに惚れたカメラマンがこの人である。

モーターパラグライダーの運転

パラシュートのようにフワリフワリと空を飛べて、なおかつ、好きな方向に舵がとれるのがパラグライダーである。

アーチ型に広がって風を受けている傘の部分をキャノピーという。1枚の大きなエアマットのように見えるが、内部にはたくさんの間仕切りがあり、管を横にズラッと並べたような構造になっている。そこに入った空気がキャノピー全体をふくらませ、翼を形成し、グライダーのように滑空できる。パラシュート＋グライダーだから、パラグライダーだ。

これに動力を組み合わせたのが、モーターパラグライダーである。エンジンで回るプロペラを、大胆にも人間が背負って飛ぶ。翼に加えて動力も持つため、平地から離陸し、自在に上昇できる。高所から飛び立つのが基本で、あとは風まかせのパラグライダーより、はるかに行動の自由度が高い。

そのモーターパラグライダーで空撮をするプロカメラマンが、多胡《たご》光純《てるよし》さん（31歳）だ。

週末の箱根や朝霧高原へ行くと、気持ちよさそうに飛ぶパラグライダー族を見ることができるが、多胡さんは元サンデーフライヤーではない。

出身は獨協大学探検部。その手のことが好きだった彼は、大学卒業後、カヌーでカナダのマッケンジー川を下り、流域に暮らすデネ族というインディアンを撮るようになる。ある日、高さ500mほどの岩山に登って、彼らの村を見下ろしたとき、「ぼくの写真に必要なのは、この高度だと思った」という。その目的に最も理想的だった機材がモーターパラグライダーというわけだ。

その後、栃木県の那須町で〝スカイトライアル〟を主宰するパラグライダーの第一人者、塚部省一校長の元で腕を磨いた。現在の飛行時間は4800時間あまり。海外での空撮経験は、極北のマッケンジー川を始め、ドイツや北欧諸国、チベットのタクラマカン砂漠など。那須でのテストフライトを見せてもらう手筈だったこの日も、テレビの撮影で中国・雲南省に出発する3週間前だった。

ニオイって、かたまりなんですよ

「離陸して、エンジン全開で10分上昇すると、たいてい雲は突き抜けます。あれ、入るときがおもしろくて、思わず息止めちゃいますね。入ると、微妙に湿気が体にまとわりつく感じ。冷たくはないです。逆に、サランラップが肌にくっついたような感覚かな。

高度600mくらいで飛んでいると、ニオイの壁にドーンとぶつかることもあります。菜の花とか、ヒノキとか。ニオイって、かたまりなんですよ」

風待ちのあいだ、そんな話を聞く。剥き出しの生身をハーネスで固定して飛ぶパラグライダーは、たとえエンジン付きでもそれほどスピードが出る乗り物ではない。多胡さんの場合、撮影では対地速度30㎞／ｈが基本だという。ママチャリよりは速いが、36㎞／ｈでゴールに飛び込むオリンピック級100ｍランナーより遅い。サイクリングロードでがんばるロードレーサー(自転車)くらいだ。

だが、新進気鋭のエア・フォトグラファーにとってのモーターパラグライダーは、宮崎アニメチックな空の経験を楽しむためのものではない。この日も、高地の雲南省フライトに備えた特注プロペラをテストするのが主目的だった。

雲南省は標高2200ｍほどだが、飛び慣れたここ那須町上空でも、エンジンテストのために2900ｍまで上がったことがあるという。上がったあとは、高空ならではのスパイラルのような訓練をする。

飛行中、ターンに使うのがブレークコードと呼ばれる左右一対のヒモだ。それぞれキャノピー両サイドの後端に延びるそのコードを引っ張ると、左側なら左翼側の抵抗が増して、左旋回する。両方を同時に引けば、減速する。エンジンから延びるスロットルレバーがアクセルなら、ブレークコードはハンドルとブレーキにあたる。

片側のブレークコードを大きく下に引くと、そちら側のキャノピー(翼)の揚力が極端に失われ、きりもみ状態に入る。空気をはらんで硬くなるフレキシブルな翼ならではだ。そうやって螺旋《らせん》降下することをスパイラルという。

小型機でのきりもみは、アクロバットの演目だが、高空を狙うパラグライダー乗りにとっては、切実で実用的なテクニックである。強い上昇気流などで吹き上げられ、高度を落とせなくなることがある。頭上に迫ってくる雲が、牧歌的な綿雲ならいいが、黒い雲底を見せる積乱雲に突っ込みでもした

プロペラの起こした風によりかかるような姿勢でエンジンのチェックをする。

ら、一巻の終わりだ。そんなときに緊急降下の非常手段として使うのがスパイラルである。螺旋状に1回まわるごとに、50m以上、沈下する。パラグライダーに振り回されるカタチになる人間には、強いGがかかり、コメカミがビリビリするそうだ。

50kgを背負って飛び立つ

多胡さんが使う動力ユニットは、ドイツのフレッシュブリーズ製だ。210cc2ストローク単気筒エンジンはイタリアのソロというメーカーのもので、ケイヒンのキャブレターが付いている。10ℓタンクを満タンにすると、約3時間飛べる。

最高出力は18ps／6200rpm。巡航に入れば、4000rpm以下で飛ぶ。自身のプロモーションビデオのために、おふざけで動力ユニットを背負い、ママチャリに乗ったことがある。エンジンをかけると、800rpmのアイドリングでも、ブレーキが効かないくらい推力があったそうだ。

22kgある動力ユニットを背負わせてもらった。地面にしゃがみ、リュックサックの要領でショルダーベルトに両腕を通し、そのまま少し前に上体を傾けてユニットを背中に載せる。そして立ち上がると、最初はこんなものかと思ったが、50mほど歩いて、五十過ぎのおじさんはいやになった。本番フライトでは、これに約10kgの燃料、7kgのハーネス、ハイビジョンカメラだと、さらに7kgがプラスされて、トータルで50kg近くになる。

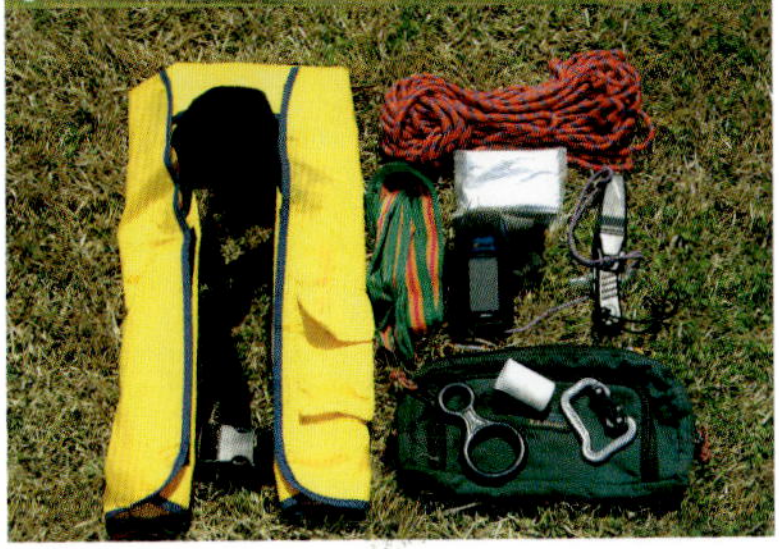

強風のため、この日はこうやって飛ぶところを見ることはできなかった（写真上）。フライト中は必ず携行するサバイバルキット（下）。不時着時の備えだ。

こんどの強力なプロペラなら、風が強ければ、0歩で離陸できるが、無風の低地では10数メートル走らなければならない。空気の薄い雲南省になると、150~200mは駆けないと飛び立てない。プロペラの推力があるとはいえ、大変そうだ。ただし、パラグライダーが吊り上げてくれるので、一旦、浮き上がってしまえば、手に持ったテレビカメラ以外、装備品の重さを感じることはない。

しかし逆に、帰還して着地した瞬間には、パラグライダーのテンションがなくなって、重さが再び一身にかかる。肉体的に最もキツイのは足だという。日本にいるときは週に2回、ジムに通う。

多胡さんのフライトが、ホビーフライヤーのそれと決定的に違うのは、飛び方そのものである。空撮では、低い高度を、あくまでスムースに飛ぶ。とくにムービー撮影の場合、高度を上げると映像が単調になるため、せいぜい10mくらいまでしか上がらない。地面すれすれのローパスもやる。

空撮フライトのトレーニングのために、自宅のある埼玉県幸手《さって》市から利根川を下ることがある。東京都に入る手前までの約50kmを、川沿いに可能な限り低く飛ぶのである。右手で低く構えたカメラのレンズは地上30~50cm。靴がすりそうな高度だ。

人形は顔が命だが、空の乗り物は高度が命である。一朝、なにかコトが起きたときに、高さがあればあるだけ、余裕をもった対応ができるからだ。それを考えると、スピードが低いとはいえ、オソロシイほどの高等技術である。

撮影中は、スロットルレバーと2本のブレークコードをまとめて左手に持つ。その態勢でパラグライダーを無用に揺らすことなく飛ぶ。高価なプロ用ハイビジョンビデオカメラでも、あいにく手ブレ防止機能はついていない。

「ふつうに飛ぶなら、パラグライダーが揺れても、それから回復動作をすればいいわけですけど、ぼくの場合、それじゃ遅い。カメラが揺れちゃいますから。風や地形を読んで、揺れる前に対処する。揺れを逃がすっていう感じですか。風もかたまりだから、息をついて吹いている。木の葉の揺れ方や、水面のそばだち方を見ていればわかります。そうやって、次の動きを察知しながら、ブレークコードを引き込んだり、解放したりして、絶えずパラグライダーを微妙にコントロールして飛ぶわけです」

時速30キロ、超低空飛行の目線

地面に広げた重さ約70kgのパラグライダーを、一気に宙へ浮かせて、キャノピーをふくらませる。この操作を〝立ち上げ〟という。ラインに絡みがないかを確認し、スロットルレバーで回転を上げ下げしてチェックを終えれば、スタンバイOKである。

だが、残念ながらこの日のフライトは実現しなかった。強風のためである。気象情報を頼りに、クルマで延々走って場所を3回移動したが、結局、風は収まらなかった。こちらの撮影のために、せめて立ち上げだけでもとお願いすると、快く引き受けてくれたが、バサッと大音声を立ててキャノピーが開いた途端、猛烈に引きずられる。見ているだけでも血の気が引いた。3週間後の中国行きはともかく、聞けば2週間後に結婚式(本人の)を控えているというナイスガイをキズモノにするわけにはいかなかった。

街道沿いのとんかつレストランで、遅い昼食をとりながら、ハンディビデオに入った作品を見せてもらう。

ところで、多胡さんはなぜこれほどモーターパラグライダーにとりつかれてしまったのか。

それは「いろんなアクションがいっぺんに目に入るおもしろさ」だという。

デネ族の村人が焚き火をしている。その向こうでは、ムースが草を食《は》んでいる。さらに向こうの川岸を熊の親子が歩いている。はるか彼方には山火事の煙が上がっている。そんなふうに、モーターパラグライダーからだと、彼らを取り巻く世界が、まるでジオラマのように一望できる。「ぼくは日本人だけど、彼らの時間も同時に流れている。そういう不思議さを伝えたいんです」という話を聞いて、多胡さんとモーターパラグライダーとの関係がよくわかったような気がした。

マクドナルドで、子どもが店内を走り回っている。かと思えば、どこかの国では、野原を走り回る子どもが地雷を踏んで足を吹き飛ばされている。ふたつは、同じ地球上の同じ時間に起きている。離れているから、いっぺんに見えないだけの話である。

そんなイデオロギッシュな例を多胡さんが持ち出したわけではないが、勝手に拡大解釈すれば、そういうことだろう。俯瞰《ふかん》の目線で〝引いて見る〟おもしろさ、視点の新しさ。時速30キロで超低空を飛ぶモーターパラグライダーは、そうした独特の画角をもっているということらしい。乗り物とは、メディアそのものである。

犬ぞりの運転

中型犬以上のやんちゃな犬を飼っている人なら、いっぺんコイツにそりを牽《ひ》かせてみたいと思ったことがあるのではないか。そりが身近でなかったら、自転車かもしれない。とにかく、この引っ張る力をあたら無駄にするのは惜しいと思う。

ウチにいる柴犬のポチコもそうだった。メスなのに、恐ろしく牽引力が強い。とくに、散歩に出て、きまったところで雲古をするまでは、グヘグヘ言いながらリードを引っ張る。向こうから来た人に、「ゼンソクですか」と聞かれたことがあった。そういうぶしつけな犬に育ててしまったこっちがいけないのだが、でも、本当にあの力には恐れ入る。実際、若いときは、おもしろがって自転車を牽かせて散歩したこともある。

だから、犬ぞりの運転には興味があった。犬をコントロールして、そりを牽かせる。乗馬と違って、人が直接またがるのではなく、乗り物を牽引させる。その運転やいかに。簡単なのか、むずかしいのか。ウチのポチコでもできるのか。

犬にF1レースはできない

教わりに行った現場は、北海道千歳市にある箱根牧場。犬ぞりレースの舞台にもなる観光牧場である。オーナーの名前が箱根さんなのかと思ったらそうではなく、1969年に神奈川県の箱根から移転してきた牧場である。見渡す限りの雪原には、東京ドームが20個も入るという。

暖かなログハウスのレストランで待っていると、先生たちがクルマでやってきた。日本犬ぞり連盟・事務局長の吉住憲広さんと、ふたりの女性マッシャー、山田悦子さん、宮口真理さんである。

現在、犬ぞりと言えば、それはほぼイコールでレースのことを指す。日本犬ぞり連盟は、国際犬ぞり連盟の傘下にある組織で、国内のレースをオーガナイズしている。マッシャーとは、犬ぞりに乗るドライバーのことである。

東京に住んでいると、およそ馴染みが薄いが、日本でも犬ぞりレースは頻繁に行われている。最も大きいのは稚内と札幌の大会だが、本州でも岩手、新潟、群馬などで開かれている。

国内の公認レースでポピュラーなのは〝スプリント〟で、6頭立ての犬ぞりが6km前後のコース（トレールと呼ぶ）を走って、タイムを競う。徒競走のように一斉にヨーイドンではなく、2分置きにスタートするラリー形式のタイムレースである。

スノーモービルで踏み固めたトレールはスタート地点をゴールにする周回コースだ。競馬のように同じトラックをグルグル回ることはしない。犬ぞりレースが、もともとA地点からB地点まで走るクロスカントリーレースから始まっていることもあるだろうが、それよりなにより、トラック周回型では犬がすぐ飽きてしまうのだそうだ。犬のパリダカはありでも、犬のF1は無理なのだ。アジアのどこかに、同じところをグルグル回るドッグレースがあるが、そういえばあれは、トラックに沿って獲物が逃げるような仕掛けがある。

トレールは、雪原や山あいの自然のなかにつくられる。競技場のような箱モノはいらない。そのため、自治体や政治家にとってもうまみがない。連盟はスポーツとしての犬ぞりレースが冬期オリンピックの正式種目になることを大きな目標に掲げて活動しているが、そんな背景もあって、なかなか思うようにはいかないらしい。

なぜそりを牽くのか

犬ぞりをやっている人のクルマには、あちこちに小さなフックがついている。犬をチェーンに繋げておくためのフックだ。吉住さんたちが乗ってきた日産キャラバンにも、ボディの下回りに6個のフックがつけてあった。犬ぞり愛好家仕様である。

ケージから出されて、そこに繋がれた犬たちは、思っていたよりも小さかった。2台に分乗して、10頭以上が連れてこられていたが、『動物のお医者さん』に出てくるチョビのような大型のシベリアンハスキーはいない。見たところ、ポインター系の雑種が多いようだった。

意外なことに、レースに出る犬は、生後1年以上ならよく、犬種も体格も性別も問われない。とす

背中を見ていれば、犬が何を考えているかがわかる、とベテラン・マッシャーは言う。素人目には、背中が白いとか黒いとか、くらいしかわからないが。

れば、ウチのポチコでもイケる理屈だが、吉住さんによると、概して日本犬はアタマが悪くてだめだという。彼の本職は犬の訓練士である。

そりを牽く犬は、英語で〝スレッド・ドッグ〟。直訳すると「そり犬」である。しかし、なぜこの犬たちがそりを牽いてくれるのか。モチベーションはなんなのか。それは楽しいから、である。そりを牽くことが、そり犬にとっては最高の遊びだからである。

見ればわかる。スタート地点でそりの準備が始まると、犬たちのエキサイトぶりといったらない。人にはよくなついているから、手を出しても平気だが、部外者が何をしようが、心ここにあらずである。すでに大興奮の態で、吠えたり、ウナったり、うめいたり、うるせーのなんの。犬がハチの巣をつついたようになっている。コースイン直前、ピットの中でブリッピングするレーシングカーさながらである。

その狂騒ぶりからみると、物言わぬそりは至って静かである。吉住さんたちが使っているのは、国産の木製で、全長は2・5m弱。マッシャーは後部左右に突き出すランナー(滑走面)に足をのせて立ち乗りする。

足もとには、ブレーキが備わる。足で踏むと、アルミの爪が雪面に食い込む単純なものだ。リターンスプリングには、自転車の荷台にモノをくくりつけるゴムバンドが使われていた。

マッシャーが握る取っ手の前方には、座席のような見かけのスペースがあるが、これはドッグバッグと言って、お犬様用である。レース中、なんらかの理由で走れなくなった犬を、ここに乗せて連れ帰る。犬ぞりレースは、スタートした頭数で必ず戻ってこなければならない。1頭でも放したら失格

だ。それ以前にマッシャーの恥である。

命令は言葉だけ

ドライビングボウと呼ばれる取っ手を握って立ち乗りするマッシャーは、声だけで犬に意志を伝える。見るもの聞くもの、すべてが初めてだった取材で、実はいちばん驚いたのはそれだった。手綱もムチも、レースでは禁止されている。マッシャーは犬に対して、一切のフィジカルコンタクトをもつことはできないのである。

命令語は万国共通で、「右」が〝ジー〟、「左」が〝ハー〟、「まっすぐ」は〝ゴーアヘッド〟、「止まれ」は〝ウォウォウォ〟、ゴール間近で「あとひと息」というときは〝ホーム〟と言ったりする。

犬にハーネスをつけ、そりに繋ぎ始めると、彼らの興奮はますます高まる。〝イレこむ〟というのは、こういう状態を言うのだろう。

多頭牽きの場合、2列縦隊で繋ぐ。8頭なら2×4だ。最前列の2頭は、リードドッグと呼ばれる。文字どおり、先頭でそりをリードしていく役目である。命令語を聞き取って犬ぞりの針路を決めるステアリングでもあるから、注意力散漫のおっちょこちょいでは務まらない。

2列目はポイントドッグ、3列目はスイングドッグと呼ばれる。6頭立てのときは、スイングドッグがいなくなる。とりあえず走ってくれればいい、若い犬が務めることが多い。

最後尾の4列目が、ホイールドッグ。「車輪犬」の名のとおり、遠心力で振られるそりにいちばん近いところにいて、最も大きな負担がかかる。頼もしい駆動輪のような強い犬がよい。

そりから延びるセンターラインに、リードドッグから順に繋がれてゆくと、犬たちの興奮は極に達する。繋がれた犬は、ランニングマシーンに乗った人間のように、早くもその場で走り始めている。そりはロープでクルマに固定されているが、8頭全部を繋ぎ終えるころには、その牽引力で日産キャラバンがグラグラと揺れ始める。狂ったように吠えながら、〝その場走り〟をする犬たちの足もとは、雪が見る見るうちに掘れてゆく。放っておいたら、土が見えるまで蹴り続けるかもしれない。この状態で、十分迫力のある〝走り〟のアクションフォトが撮れそうである。

まずは山田悦子さんが乗って、お手本をみせてくれる。日本のレースでは最も多頭牽きの8頭立てである。

満を持して固定ロープをリリースすると、縦置きV8エンジンの犬ぞりは弾かれたようにトレールへ飛び出した。その途端、見渡す限りの雪原は、雪原らしい静寂を取り戻す。なにが驚いたといって、それである。スタートするや、ごほうびにありついた犬はパタリと鳴きやむのだ。走り出した犬ぞりは、うって変わって静かなのである。

平坦な2㎞のショートコースを回って、戻ってくるのはあっというまだった。JR北海道でオペレーターを務める山田さんのよく通る掛け声が響き、犬たちが雪崩れ込んでくると、再び音と熱気が舞い戻る。

スタート前、ロープに繋がれると、犬たちの興奮は極に達する。興奮しすぎてエイリアンになっているものもいる。

おそるべき発進加速

いよいよマッシャーを体験させてもらう。山田さんと宮口さんがまず8頭牽きで模範演技をみせてくれたが、とくに運転指導のようなものはなかった。

「でも、いきなり8頭はキツイから、6頭でやりましょう」。ふたりの師匠でもある吉住さんが言った。V8はパワフルにすぎるから、まずは6気筒でという、せめてもの親心なのか。単気筒の1頭牽きでもいいのにとぼくは思ったが、さすがにこのサイズの犬だと1頭ではツライそうだ。

6頭の犬たちを、山田さんらが次々とそりのロープに繋いでゆく。最前列のリードドッグはセーラとマリン。両方ともメスである。といっても、呼びかけて頭を撫でて「お手」とか言える相手ではない。ロープも切れよとばかりの〝その場走り〟が始まっている。シグナル点灯直前、グリッドに並ぶF1マシンが、けたたましいブリッピングのなかで身震いしているような状態だ。

そりの後端から延びたランナーに足をのせ、ドライビングボウを握る。ドライビング棒ではなく「弓」という意味の〝bow〟だ。そりのいちばん高いところにある弓なりの取っ手である。

教えられたのは、途中にある分岐を右へ行くために、その手前で「ジー」と声をかけること。二叉をまっすぐ行ったら、6㎞のロングコースに出てしまう。飼い主の見えないところに踏み入れ、ニセモノにわかマッシャーに愛想を尽かし、北海道の雪原で6頭が反乱を起こしでもしたらコトである。

暴れる犬たちで、そりがビクンビクンと揺れている。「じゃあ外しまーす」という声が聞こえて、

クイックリリースが外される。その途端、ガクンとGを感じて、カラダがそりからはがされそうになった。犬のドラッグスタートにいきなりアセる。

レースの犬ぞりは、1kmを2分見当で走るという。時速30kmだ。自転車のロードレーサーだって、平坦路では必死にこがないと出ない速度である。スピードは頭数を増やせば上がるというものではない。犬の数が多いと、各自の負担が減って、走れる距離が延びるのである。そりゃそうだ。6頭で30km/hだから、20頭なら100km/h出る、なんてはずはない。

それにしても驚いたのは、発進加速の鋭さだった。あっというまに最高速に達する。よく考えると、立ったままの姿勢で、これほど急激に加速Gが立ち上がる乗り物を経験したのは初めてである。頭数が増えれば、トルクが増して、加速はよくなるだろう。8頭牽きだったら、たしかにスタートでいきなり後ろへもんどりうっていたかもしれない。犬ぞり、おそるべし。

ジージージー

だが、ひとたびスタートすると、犬ぞりは一転、グライダーのように静かな乗り物である。聞こえるのは、24本の足が雪の路面を蹴る音と、耳元で鳴る風切り音だけだ。

平坦なコースなので、犬のひくスピードはほぼ一定だ。そりの上で踏ん張っていた下半身も、ドライビングボウを握る上半身も、ちょっとリラックスする。一生懸命かける犬たちには悪いが、巡航に入ると「のどか」という感じさえした。

コースの幅はクルマ1台分ほど。圧雪してあるので、犬は走りやすく、そりも滑りやすい。それを犬もよく知っているため、こうした人工のトレールだと、黙っていても、コースアウトすることはない。タミヤのミニ四駆と同じである。道がカーブしていても、いちいち「ジー」だ「ハー」だと叫ぶ必要はないのである。

しかし、ほどなく問題の分岐点が近づいてきた。言われていたとおり、二又の手前から「ジージージー」と声をかけると、先頭のリードドッグが、コースの右端に寄った、ような気がした。そして、難なく分岐を右に入っていった。と言いたいところだが、実は宮口さんが待機していて、左側の道を塞いでくれていたのである。

約1㎞の周回コースを半分過ぎると、雪面がそれまでより締まっていた。一度、轍《わだち》にとられて、そりだけが徐々に斜行し、そのままコース外に駆け上がりそうになる。発進直後に次いでアセったが、多少、重心移動のようなことをやったら、戻った。

木製のそりは、札幌の元家具職人がつくったもので、釘を使わず、糸で巻いて組んである。そのため柔軟性がある。重さは測らなかったが、ひとりで持つとけっこうズシリと重い。なによりそこに重装備の防寒具をつけた大人がひとり乗っているわけだから、合わせて100㎏近くあるかもしれない。後半は6頭の足取りがやや重くなり、スピードも1割くらい落ちたような気がした。みんなが待つゴールが近づいてきたので、言われたとおり「ホーム！」と声をかけた。最後に叱咤激励する「あとひと息」の合図である。

白一色の広いところを走ってきたのでわかりにくかったが、クルマや人などの目標物が近づいてく

ケージの中のそり犬たちは、死んだようにつまらなそうだ。

ると、かなりのスピードが出ていたことに気づいた。「ブレーキかけてくださーい」という声にせかされて、あわてて右足でアルミのフットブレーキを踏む。走ってきた喜びを訴えているのか、もっと走らせろと言っているのか、水やエサがほしいのか、ゴールしたとたん、あたりは再び吠え声の喧噪に包まれる。

マッシャーは7頭目の犬

1km2分間の犬ぞり初体験を終え、牧場のレストランでジンギスカンを食べながら話を聞く。

しかし、みんなの話を聞いてみると、この日ぼくがやったのは、犬ぞりに〝乗せていただいた〟ようなことだったらしい。

レース中、マッシャーは犬の負担を少しでも減らすことに全力を注ぐ。そりに仁王立ちして、風を受け、「のどかだなあ」なんて思ってちゃいけなかったのだ。ドライビングボウにかぶさるようにして常に前に体重

木製のそり。人間は、左右のランナー(滑走面)から延びたステップにまたがって立つ。

をかけ、そりの滑りを軽くしてやる。カーブでは、曲がる方向に荷重をかける。左ターンなら、足のせの上で左足を前に出し、右足でキックしてそりをスライドさせる。犬に曲げてもらっているようではダメなのである。

そりに乗ったまま片方の足で雪面を蹴ることを〝ペダリング〟という。急な上り坂だと、降りてそりを押し上げる。マッシャーも走ってナンボなのだ。6頭牽きなら、人間は「7頭目の犬」と呼ばれるそうだ。

「体力はいりますね。ゴールすると、吐きそう(笑)。倒れ込みますよ。もしも人間がハーハー言ってなかったら、みんなにナジられます。なにやってんだよー、もっとこいでやれよ、乗りっぱなしかよって」

札幌のラーメン屋で働きながら、6頭の犬を育てている宮口さんが言った。

それならば、持久力のある男子マラソン選手のようなマッシャーが強そうだが、必ずしもそうではないのがおもしろいところだという。

「ヘタにペダリングすると、犬に振り向かれます。余計なことすんなって。ライン（ロープ）がカックンカックンって変に引っ張られて、逆に負担がかかっちゃうんでしょうね」

体力があっても、センスがなければだめということだろう。

マッシャーも、レースでは性別や年齢や体重で区別されることはない。体重の軽い人が常に速いかというと、そうともいえない。たとえば、下り坂でスピードが上がると、そりが滑り過ぎて、犬たちに追突しかかるようなことがある。ラインのテンションがゆるめば、犬の隊列は途端に乱れやすくなる。そういったことを防ぐためには、人間がカカトで強いブレーキングをする。そんなときにはパワーのあるマッシャーのほうが有利になる。

いいマッシャーとは、犬の気持ちがわかるマッシャーだと、女性ふたりが口を揃えて言った。フィジカルにもメンタルにも、人馬一体ならぬ、人犬一体が求められるのである。

「後ろから犬の背中見ていると、いまなに考えているのか、だいたいわかります。気合い入ってるのか、サボろうとしているのか。ヨソ見したいけど、後ろに人がいるので、バレないようにうまくやろうとしている。それで1頭だけ走り方がずれているとか、背中を見ていればわかります。そのときは〝ノー〟って叱らないといけない。やっぱり団体競技ですから」

犬の訓練士でもある吉住さんの〝団体競技〟という解説がおかしかった。

とはいえ、犬ぞりレースで重要度の7割を占めるのは、犬だという。シリーズ戦のレースで、突然、桁違いに速いチームが現れると、それはアラスカから買った高い犬のせいだったりすることが多い。

乗馬と違って、人間がまたがって、直接、操るわけではない。手綱やあぶみやムチのようなダイレク

トなコントローラーも持たない。犬の資質が大きくモノを言うのは、そのせいもあるだろう。なにより
いいクルマに乗ることが大切な自動車レースと、その点では似ているように思った。

そり犬の定年

犬のトレーニングは雪が降る前から始める。エンジンをかけない四輪バギーを牽かせて、まずは筋トレをやる。ある程度、筋肉ができると、こんどはエンジンをかけて後ろにつき、犬を速く走らせるスピードトレーニングに入る。雪が降って、そりが牽けるようになるころには、犬の体はすでに出来上がっている。そりで雪上トレーニングをするような呑気さでは、そのシーズンの望みはないそうだ。

この日見た犬の種類はさまざまだったが、共通していたのは、足がでかいことである。ペット犬に比べると、カラダに対して、足のげんこつ全体がたっぷりと大きい。そして、およそ贅肉がない。痩せているのかと思って触ると、しかし、首やフトモモのあたりにはひと掴みにできないくらいの太く逞しい筋肉がある。それもけっしてガチガチに硬くない、いかにも赤身の良質なお肉といった感触だ。

そりを牽いた犬のなかに、12歳がいた。人間なら70歳に近い高齢犬である。ポチコを思うと、驚くばかりだった。

「あれだって、まだなんぼでも牽きますよ。トシ行ったら、距離は短くしますけど、走りたがっているんだから、出してあげないとかわいそうじゃないですか。ペットの世界では8歳からシニアとかっていうけど、管理と食事とトレーニングで、犬はずっとやります。無理するなって押さえちゃうと、

かえって老け込む。いつまでも若いもんと一緒に走らせて、母ちゃんまだまだ元気だぞって思わせたほうがいい。ウチの子はだいたい13～14年生きます。逝《い》くときは、ガクンといく。長患いする犬はいないですね。きのうまで元気だったのに、朝起きたら死んでたとか」

ウチのポチコはこの取材の少し前、ガン宣告をされて、余命1～2カ月と言われた。若いころはそりを牽かせようと思ったほどの犬が、もう散歩もままならないほど衰弱していた。玄関につくった急ごしらえのベッドで闘病している12歳と比べると、体力と意欲のかたまりみたいな北海道のそり犬たちが、この日はとくにまぶしく、そして幸せそうに見えた。

ポチコに合掌。

あとがき

ヨーロッパで飛行機に乗っているとき、旅客機とすれ違ったことがある。

窓に顔をくっつけるようにして、美しい雲海に見とれていたら、突然、斜め下にジェット旅客機が現れた。高度差は十分あったので、ニアミスではないはずだが、客室の窓から飛行機の機体をあんな距離と角度で見下ろしたのは初めてだった。国際線の旅客機が縦横無尽に飛び回るヨーロッパの空では、あり得る光景なのだろう。

たまげたのは、その速さである。一面の雲海をバックにしていても、間近に見る（感覚的に）ジェット機のクルージングスピードは、息を呑むような速さだった。それも道理で、お互い８００km／ｈは出ているはずだから、相対速度１６００km／ｈオーバーのすれ違いである。おまけに、お尻から煙を吐いていた。飛行機雲の発生現場を間近で見たのも初めてだったが、ジェットエンジンの後ろにつくられてゆく白い水蒸気が、力走感をいっそう盛り上げた。

とにかく、Ｆ１マシンなどメじゃないスピード感である。それはもう感動的ですらあった。しかも、あれを人間が運転していたかと思うと、感動はいや増す。

巡航高度だから、オートパイロットで飛んでいたのだろうが、それにしたって、飛ばしているのはあくまで人間だ。「どなたかお医者様はいらっしゃいませんか」と、スチュワーデスが機上で叫ぶこである。

とはあっても、「お客様のなかに、パイロットはいらっしゃいませんか⁉」と聞かれることはまずない。あのときも、順光を受けてギラリと輝く機体の先頭部には、飛行に全責任を負う人間が座っていたのである。

いろんなものを、いろんな人が運転している。そうして世の中が成り立っている。長年、ぼくが関わってきた自動車は、あいにく運転を人間から奪い去ることばかり考えているようだが、じゃあ、ほかの運転物件ではどうなっているのだろう。どこまで人間が運転しているのか、していないのか。それはタイヘンなのか、ラクなのか。退屈なのか、楽しいのか。

そんなことを知りたくて、ＮＡＶＩで『運転』の連載を始めた。それをまとめた1冊目の本は２００３年に小学館から出してもらった。06年には集英社が文庫化してくれた。

本書は、その続編にあたる2冊目の単行本で、ＮＡＶＩ03年11月号から07年3月号に掲載された連載をまとめたものである。必要に応じて加筆修正してあるが、基本的なデータは取材時のままとした。

1冊目のタイトルは連載と同じ『運転』で、まだ販売されている。出版社が違うため、『続・運転』とするのもおかしい。それで『イッキ乗り』と銘打った。

どんな取材先でも、事情が許せば、お願いして運転させてもらった。ライセンスがないために、自分で運転できないものも多かったが、その場合でも、同乗などの体験試乗はさせてもらうように努めた。「今日は特別にやってもいいですけど、でも、このことは書いちゃだめですよ」と言われることもあった。可能な限り、乗れるものには乗る、というのが取材のスタンスだったので、『(クルマ以外のもの) イッキ乗り』とするのは間違っていないと思う。

例月の雑誌編集で忙しいなか、ダブルヘッダーでこの本を担当してくれたＮＡＶＩ編集部・塩見智さんに感謝したい。多くの取材に付き合ってくれた元・ＮＡＶＩ編集部の佐藤俊紀さんにも、あらためてお礼申し上げる。

そしてなによりも、門外漢のトンチンカンな質問や疑問に答えてくださった〝運転者〟のみなさん、ありがとうございました。

ぼくは一生懸命、運転している人を尊敬する。

２００７年３月　下野康史

下野康史《かばたやすし》

1955年生まれ。『CAR GRAPHIC』、『NAVI』(いずれも二玄社)の編集記者を経て、88年、フリーの自動車ライターとなる。ちなみに『NAVI』創刊メンバーで、誌名の命名者でもある。現在は『NAVI』『ENGINE』『JAF Mate』など、多くのメディアで執筆中。難しいことを別の難しい言葉で言い換える自動車評論家が多いなか、(そのクルマが)結局どうなのかをわかりやすく伝える文章に定評あり。趣味は自転車。なのに愛車はスマート・フォーツー(でもBRABUS)。最近の主な著書に『新説　軽快小型車—だから、小さいクルマに乗るのがいい!—』『図説　絶版自動車—昭和の名車46台イッキ乗り—』(いずれも 講談社+α文庫)などがある。

写真／五條伴好、市 健治(YS-11)、河野敦樹(稲刈り機、原子力発電所)

イッキ乗《の》り　いま人間《にんげん》は、どんな運転《うんてん》をしているのか?

発行日	2007年3月23日初版発行
著者	下野康史
発行者	黒須雪子
発行所	株式会社二玄社 〒101-8419　東京都千代田区神田神保町2-2
営業部	〒113-0021　東京都文京区本駒込6-2-1
電話	03-5395-0511
URL	http://www.nigensha.co.jp
印刷	図書印刷
製本	越後堂製本

ISBN 978-4-544-04348-8